普通高等院校船舶与海洋工程"十三五"规划教材
工信部高技术船舶科研计划项目
国家自然科学基金面上项目

海工项目信息化管理技术研究

韩端锋　李敬花　著

哈尔滨工程大学出版社
Harbin Engineering University Press

内容简介

本书系统地描述了当前海工项目信息化管理的国内外研究现状、海工项目管理模式、海工项目分解技术、进度管理计划编制技术及信息化管理在海工项目中的应用实例。本书主要研究内容:(1)海工项目的管理模式;(2)海工项目分解技术与方法、进度管理计划编制技术和方法;(3)基于改进蚁群算法的海工项目进度管理优化算法和基于 UML 的海工项目进度管理计划需求分析;(4)海工项目信息化其他模块的关键技术和方法;(5)海工项目原型系统的设计与开发应用实例。本书总结了海工项目信息化管理的科研经验与研究成果,来源于实践,因此具有很高的实用价值。

本书可作为海工项目信息化管理领域研究人员、学者和广大学生、教师及相关工作人员的参考书。

图书在版编目(CIP)数据

海工项目信息化管理技术研究 / 韩端锋, 李敬花著. --
哈尔滨:哈尔滨工程大学出版社,2019.1
  ISBN 978 – 7 – 5661 – 1926 – 1

Ⅰ. ①海… Ⅱ. ①韩… ②李… Ⅲ. ①海洋工程 – 工程项目管理 – 研究 Ⅳ. ①P75 – 39

中国版本图书馆 CIP 数据核字(2018)第 150943 号

选题策划	张玮琪
责任编辑	丁　伟
封面设计	刘长友

出版发行	哈尔滨工程大学出版社
社　　址	哈尔滨市南岗区南通大街 145 号
邮政编码	150001
发行电话	0451 – 82519328
传　　真	0451 – 82519699
经　　销	新华书店
印　　刷	北京中石油彩色印刷有限责任公司
开　　本	787mm×1 092mm　1/16
印　　张	13.25
字　　数	357 千字
版　　次	2019 年 1 月第 1 版
印　　次	2019 年 1 月第 1 次印刷
定　　价	38.00 元

http://press. hrbeu. edu. cn
E-mail:heupress@ hrbeu. edu. cn

编写委员会

前　言

随着工程技术的发展,在应用传统固定式平台进行开采的基础上,越来越多新型的生产设施开始应用于海洋石油工程开发与利用,如混凝土重力式平台、张力腿平台、筒型基础平台、SPAR 平台等各种不同类型的平台,以及浮式生产装置(FPU)、浮式生产储卸油轮(FPSO)、水下生产系统(SPS)等。海洋石油工程呈现平台规模越来越大、使用功能不断增强、适用水深不断增加、生产能力不断扩大的趋势。21 世纪以来,我国海洋工程装备制造业的发展取得了长足进步,年销售收入超过 300 亿人民币,占世界市场份额近 7%。八部门联合印发的《海洋工程装备制造业持续健康发展行动计划(2017—2020 年)》提出了到 2020 年,我国海洋工程装备制造业国际竞争力和持续发展能力明显提升,产业体系进一步完善,专用化、系列化、信息化、智能化不断加强,产品结构迈向中高端,力争步入海洋工程装备总制造先进国家行列。

本书著者长期致力于数字化海工项目管理研究,以船舶与海洋工程制造业为对象,以信息技术应用为背景,利用建模技术分析、刻画船舶与海工企业中的协同项目管理与多目标优化,设计了相应的机制、体系及求解算法,对船舶集成制造管理进行了广泛而深入的研究。

本书依托工信部高技术船舶科研计划项目(工信部联装［2012］545 号)——《自生式钻井平台设计建造信息化管理技术研究》,以及国家自然科学基金面上项目［51679059］——《基于 Multi-Agent 动态联盟机制的多重约束海洋平台项目多模态调度协调优化研究》,以海工项目信息化管理技术为重点,以建立海工项目信息化管理平台为目标,以信息技术为支撑,确定了体系结构。全书共分为 8 章。第 1 章主要介绍了海工项目背景,重点讨论了国内外海工项目的建造管理模式。第 2 章对海工项目管理模式进行了梳理,并通过相关案例进行了对比。第 3 章主要讨论了海工项目分解关键技术与方法,着重介绍了项目分解方法、作业分解方法、组织分解方法、资源分解方法和成本分解方法。第 4 章到第 6 章是本书重点,讨论了海工项目进度管理的关键技术和优化算法,并利用 UML 进行了统一建模。第 4 章介绍了海工项目进度管理计划编制技术。第 5 章建立了海工项目进度计划问题模型,并基于改进蚁群算法进行算法设计与优化。第 6 章利用 UML 统一建模语言进行建模。第 7 章简要介绍了信息化管理平台的其他模块关键技术。第 8 章进行了原型系统设计与开发。

本书作为工信部高技术船舶科研计划项目——《自升式钻井平台设计建造信息化管理技术研究》，以及国家自然科学基金面上项目——《基于 Multi-Agent 动态联盟机制的多重约束海洋平台项目多模态调度协调优化研究》的成果之一，由哈尔滨工程大学的韩端锋、李敬花著，在撰写过程中得到了工信部、国家自然基金委、哈尔滨工程大学、上海外高桥造船有限公司、大连船舶重工集团有限公司、海洋石油工程股份有限公司、上海船舶工艺研究所、烟台中集来福士海洋工程有限公司的大力支持，他们对本书的撰写提出了很多宝贵的意见和建议。本书部分文本及插图工作由杨博歆、周青骅、郭辉、刘爽、曹旺、李慧玲、尹文浩、陈俊宗等完成。在本书出版过程中，哈尔滨工程大学出版社编辑的严格细致提高了书稿的质量，著者在此一并表示衷心的感谢。

由于著者水平有限，书中难免有疏漏和错误之处，望同行专家和读者批评指正。

著 者

2018 年 10 月

目　　录

第1章 绪　　论

1.1　海工项目背景

1.1.1　海工项目制造企业背景

国际石油行业从 19 世纪中叶至今近 170 年的时间里,已经到了发展中国家的国家石油公司与发达国家的私营石油公司并存的阶段。部分发展中国家的石油公司私有化后,出现了一定的负面效应,这些国家的石油供应安全受到挑战。因此其他发展中国家的石油公司的私有化步伐明显放慢,采取了十分慎重的策略。一家国际石油公司的国际竞争力的重要体现,就是具有在全球获取资源的能力。从 1993 年开始,中国石油界就开始走出国门在全球范围内寻找石油资源,积极通过资产并购等方式加快实施国际化战略,拓展未来持续发展的空间。截至 2018 年,中海油先后成功实施了 5 宗较为典型的海外油气资产并购案,金额共达 14.5 亿美元,其中包括 2002 年并购西班牙 Reposol 公司在印尼的油田,成为印尼最大的海上石油生产商。此外,中海油加大了海外直接勘探力度,在海外拥有近 40 万平方千米的风险勘探面积。如今,中国海外油气资产分布在澳大利亚、东南亚、西非、里海等地,作业区域由中国近海延伸到亚太地区。

随着工程技术的发展,在传统的固定式平台开采的基础上,现在海洋石油工程开始应用混凝土重力式平台、张力腿平台、筒形基础平台、SPAR 平台等各种不同类型的平台,以及浮式生产装置(FPU)、浮式生产储卸油轮(FPSO)、水下生产系统(SPS)等各种不同类型的生产设施。海洋石油工程总的发展趋势是平台规模越来越大,使用功能不断增强,适用水深不断增加,生产能力不断扩大。海洋石油工程主要是指海上石油勘探、开发全部生产活动,包括地球物理勘探、钻(完)井、油气设施陆地制造与海上安装。本书定义中的海洋石油工程主要包括两大类:第一类是海上油气田开发生产设施,包括采油平台、海底管道、单点系泊、浮式生产储(卸)油轮。截至目前,我国在近海海域已建成投产中小型油田(年产油量 50 万吨以内)20 多个,各类生产采油平台及单点系统 120 座,海底管道敷设 20 多千米,另外,还有石油、天然气装储系统,这些设施、系统的使用寿命一般不少于 20 年。第二类是海洋石油工程作业,指那些投入施工设备多、参加施工作业人员多(20 人以上)、施工作业面小、工期较长(3 个月以上)、涉及专业技术面广的海上工程建筑安装施工作业。

海洋石油开发与陆上石油开发有许多共同点,但也存在一些特殊性,主要反映在油田地理、自然环境恶劣,距陆地远,后勤保障、通信设备维护困难,投资费用高,海上石油平台面积有限等。因此海洋石油开发具有投资相对较高、应用技术的科技含量高、风险性高、安全要求高等特点。

1.1.2 我国海洋石油工程的发展

1959 年,我国第一支海上地震队在青岛组建,开始在渤海进行地震、重力和电磁测量。

1960 年,我国用驳船安装冲击钻,在海南莺歌海盐场水道口浅海钻了两口井,井深 26 m,首次获得重质原油 150 kg。

1964 年,在浮筒沉垫式简易平台上安装陆用钻机,在莺歌海岸边钻了 3 口井,井深 388 m,获原油 10 kg。虽然是微小的发现,党和国家却非常重视,当时中南局第一书记、广东省省长都亲自到现场视察和祝贺。

1966 年,我国在渤海建成国内第一座钢质导管架桩基平台,并于 1967 年 6 月成功地钻探了第一口海上具有工业油流的油井,井深 2 441 m,试油结果为产原油 35.2 t、天然气 1 941 m³。这次的成功标志着中国海洋石油进入了工业发展的新阶段,国务院为此还发来了贺电。

1971 年,我国在渤海发现海四油田,先后建立了两座平台,年高峰产油量 8.69 万吨,累计采油 60.3 万吨,这就是我国第一个海上油田。

1957—1979 年是我国海上石油勘探开发的早期历程,在这 22 年中,共钻井 127 口,发现含油构造 14 个,获得石油储量 1.3 亿吨,建成原油年产量 17 万吨,累计采油 96 万吨。我国海洋石油勘探的对外合作开始于 1979 年,当年就与 13 个国家的 48 家石油公司签订了 8 个地球物理勘探协议,从此全面铺开了我国海洋石油的勘探工作,世界先进技术的引入大大加快了海上的找油速度。

1980 年,我国发现了一大批有利的局部构造:珠江口盆地 169 个、莺 - 琼盆地 47 个、南黄海盆地 74 个。接着在渤海发现 BZ28 - 1 油田、BZ34 - 2 油田,在北部湾发现 W10 - 3 油田,在琼东南发现崖城 13 - 1 大气田。

1984—1988 年间,我国在珠江口陆续发现了惠州 21 - 1 油田、流花 11 - 1 大油田、惠州 26 - 1 油田、西江 30 - 2 油田,在渤海又发现锦州 20 - 2 凝析气田、绥中 36 - 1 大油田等。

1987 年,我国第一个对外合作油田——渤海埕北油田建成投产,年产原油 40 万吨,这个油田共有 8 座平台,其中最大的是 24 腿的导管架储油平台,甲板负荷达 13 000 t,能够经受 1.7 m 厚冰的挤压。紧接着南海东部、南海西部的合作油田相继建成投产。

1979—1999 年是我国海洋石油对外合作高速高效发展的阶段,与前 20 年相比,这 20 年石油地质储量提高了 16 倍,原油年产量提高了 100 倍。

如何运用先进的项目管理理论,对具体的海洋石油工程项目进行科学有效的管理,对项目开发全部过程进行统筹安排、统一规划,缩短项目周期,降低项目成本,并建立适应此状态的跨部门、多阶段、多层次管理运行特点的协同项目管理模式,是本书需要解决的问题。

1.1.3 船舶行业的发展趋势与政策分析

1. 船舶行业的发展趋势

2013 年以来,传统船型报价平均降幅为 10% 左右,个别船型价格较 2008 年顶峰时期甚至已下滑 50%。传统船型的订单日渐枯竭,船厂抢单竞争白热化,不少船厂纷纷有意海工业务。

一系列国家政策措施的出台,也为船厂转型海工提供了便利。2011年9月,中华人民共和国国家发展和改革委员会(简称国家发展改革委)、中华人民共和国科学技术部(简称科技部)、中华人民共和国工业和信息化部(简称工业和信息化部)和国家能源局印发《海洋工程装备产业创新发展战略(2011—2020)》,提出要综合运用税收优惠和优化金融服务支持海工企业发展。2012年3月,工业和信息化部会同国家发展改革委、科技部、国务院国有资产监督管理委员会(简称国资委)、国家海洋局联合制定《海洋工程装备制造业中长期发展规划》,提出加大科研经费投入,建立多渠道投入机制,支持海洋工程装备的研发和创新。

21世纪以来,我国海洋工程装备制造业的发展取得了长足进步,年销售收入超过300亿人民币,占世界市场份额近7%。八部门联合印发的《海洋工程装备制造业持续健康发展行动计划(2017—2020年)》提出了到2020年,我国海洋工程装备制造业国际竞争力和持续发展能力明显提升,专业体系进一步完善,专用化、系列化、信息化、智能化不断加强,产品结构迈向中高端,力争步入海洋工程装备总制造先列国家行列。

目前,日本、韩国在船舶及海工装备制造方面仍处于领先地位。就技术方面而言,我国与他们的差距主要表现在建造周期长、产量低、材料利用率低、生产效率低、成本高。降低成本、提高效率是企业在激烈的竞争中取得胜利的关键因素。国内一直在学习先进的造船技术,努力缩小与日韩之间的差距。对于庞大的海工项目而言,面对新的挑战,掌握先进的制造技术已经不能满足需要,必须有一套科学的管理方法,组建科学的管理团队,建立科学的管理体系对项目的各个环节进行控制和管理。

目前国内几乎没有单一的海洋工程企业,而是由船舶企业同时进行海洋工程项目的建造。对于船舶制造而言,为了提高生产效率,往往同一型号的船舶会进行批量制造,形成一条流水线。船舶企业在开展项目时往往将效率放在第一位,与海洋工程项目提出的要求相比,在进行海工项目管理时,会存在以下问题:

(1)项目进度管理模式不够完善,总体的海洋工程项目计划控制缺失;

(2)没有建立海工项目进度测量体系,导致海工项目的进度测量严重失真,从而影响了海工项目的进度控制;

(3)海工各部门之间缺乏协调,职能部门所做的计划往往倾向于自己部门的利益,而非倾向于海工项目的;

(4)企业对完成项目所需的项目导向不够重视;

(5)多数企业引用的国外项目管理软件,并非为海工项目量身打造,能否完全契合海工项目还有待考证。

目前国内的海工项目大部分由船舶企业承接,也有新兴的海工企业,海工项目的进度管理技术并不成熟,面对海洋工程的迅猛发展,发展海工项目进度计划管理技术的研究势在必行。

2. 船舶行业政策解析

当前,我国船舶行业持续衰退,市场供求双双低迷。从需求端来看,随着国际需求的结构性转型,我国较低水平的产品不能很好地满足市场需求,产品结构亟待转型;从供给端来看,近年来一哄而上造船的情况导致目前造船产能严重过剩,无船可造的危机逐渐显现。鉴于此,2012年我国船舶行业出台的政策主要集中于调整产品结构、推进转型升级,以及加快兼并重组、淘汰落后产能等方面。此外,为积极应对国际上日益严苛的造船规范与公约,我国也迅速出台了有关绿色造船与船舶拆解等的技术规范。

(1)鼓励新兴产业加快发展,推进产业转型升级

近年来,全球海洋石油开发的较高活跃度推动了海工设备行业的发展,海工装备制造业也顺势获得迅速发展。根据《"十二五"国家战略性新兴产业发展规划》,我国已将高端装备制造业培育成国民经济的支柱产业,促进制造业智能化、精密化、绿色化发展,其中,国家鼓励大力发展海洋油气开发装备,重点突破海洋深水勘探装备、钻井装备等的设计及建设核心技术。"十二五"期间,我国海工装备产业接订单金额高达2 662亿美元。

同时,为引导企业加强深海资源开发所需装备的研制,《海洋工程装备科研项目指南(2012年)》围绕海洋资源勘探、开采、储运和服务四大环节,选择了部分亟须发展的海洋工程装备重点产品和关键技术,形成了18个海洋工程装备研发的重点方向,包括深海半潜式生产平台、浮式液化天然气生产储卸装置等关键技术研究。

此外,基于结构调整和产业升级的需要,财政部等发布《关于调整重大技术装备进口税收政策的通知》,将自升式钻井平台、海上浮式生产储卸油装置、深海铺管船(平台)、海上及潮间带风机安装船等产品列为国家支持发展的重大技术装备和产品;《国家能源科技"十二五"规划》中将海洋(含滩海)石油装备与工具、大型天然气液化处理与储运装置列为重大技术装备,将海洋工程装备研发平台、海洋石油钻井平台技术研发平台列为技术创新平台。2013年5月发布的《高技术船舶科研项目指南(2013年版)》提出超级节能环保示范工程、清洁能源发动机、高技术特种船三个重大工程与专项,并针对船舶关键配套设备、基础共性技术与标准、国际新公约与新规范前期研究等重大领域提出了18个重点研究方向。这些政策均对提高我国船舶工业产品的技术含量、促进产品结构转型与加快产业结构调整有积极意义。

(2)推动区域协调发展,促进行业兼并重组

目前,我国船舶行业产业集中度较低,产能过剩情况较严重,绝大部分企业产能集中在技术含量较低的船舶产品上,大力推进船舶行业兼并重组十分必要。

2013年1月,工业和信息化部联合国家发展改革委等12部委提出了《关于加快推进重点行业企业兼并重组的指导意见》,进一步对汽车、钢铁、水泥、船舶等九大行业和领域的兼并重组提出了主要目标和重点任务,其中要求船舶行业积极推进以大型骨干造船企业为龙头的跨地区、跨行业、跨所有制的兼并重组,发展拥有国际竞争力的企业集团;促进优势企业通过兼并重组等方式扩大高端产品的制造能力;鼓励上下游企业组成战略联盟,进行产业链整合等。从区域布局来看,《产业转移指导目录(2012年本)》明确了各地惩戒船舶与海洋工程装备业转移的重点产业区及鼓励发展的产业集群,东部地区、东北地区、中部地区、西部地区等均有涉及。例如:以上海市、南通市、舟山市等为重点,打造世界级高技术船舶、海洋工程装备及配套产品产业集群;以天津市、青岛市、广州市、深圳市、珠海市为中心,建设高技术船舶和海洋工程装备制造业聚集区等。

(3)制定与完善造船及环保的各项技术规范

当前,世界船舶科技发展迅速,国际造船新规范、新标准频繁出台,船东对技术、质量要求更加严格,造船技术发达国家加大科技创新力度,导致我国船舶工业面临更大的科技挑

战。对此,2012 年我国工业和信息化部及船级社等部门纷纷重视对《船舶技术规范》的制定与发布。在节能减排方面,中国船级社发布了《绿色船舶规范》,对船舶能效、环境保护、船员工作环境舒适度等方面的功能要求进行了规定,并首次界定了"绿色船舶"的概念;在造船效率方面,《进一步推进全面建立现代造船模式工作的指导意见》阐述了推进全面建立现代造船模式工作的重要意义、指导方针和发展目标、总体要求、工作重点、保障措施五部分内容;在海洋环境方面,《船舶油污损害赔偿基金征收使用管理办法》规定我国船舶油污损害赔偿基金自 2012 年 7 月 1 日起开征,以促进海洋运输业持续健康发展。

1.2　海工项目研究的目的和意义

海工项目具有明确的目标,同时必须有明确的进度、费用、组织安排,且常常突破多个企业、多个部门的职能界限。这些特点决定了海洋工程必须实行工程项目管理,从而达到控制工程质量、进度和费用的目的。同时,海洋平台结构的特殊性使得其与船舶之间在材料、技术、施工等方面存在不同,也因此决定了海洋工程与船舶的项目管理模式之间存在差异。

海洋工程产品的管理理论也属于工程管理中的项目管理,而工程中的项目管理是指在项目活动中运用专门的知识、技能、工具和方法,使得在资源有限的情况下,完成项目设定的需求或者超过需求的过程。

海洋工程项目具有明确的起点和终点,能否按期交付项目也是一个海工企业实力的体现,不能在规定时间内完工会对企业经济效益产生严重的影响,因此项目任务分解结构与组织分解结构便成为项目成功的两个重要因素。合理地应用项目任务分解结构技术与组织分解技术,不仅可以合理协调安排各个专业,最大限度地有效利用资源,甚至能够缩短工期、降低费用、提高项目效益。

企业项目结构(Enterprise Project Structure,EPS)反映的是企业内所有项目的结构分解层次,是企业内所有项目的一种组织形式。应用 EPS 可让企业的计划管理人员查询并分析公司所有项目的进度、资源和费用等情况,同时可以汇报个别或所有项目的汇总或详细数据。项目数据的安全性也是由 EPS 来实施的,即用户对该 EPS 节点有权限,则对该 EPS 节点包含的子节点及项目均有权限,所以合理编制企业的项目结构对企业及项目的安全高效运行具有十分重要的意义。

资源分解结构(Resource Breakdown Structure,RBS)是项目成本预算的基础。项目的执行需要使用各种资源,因此项目的资源会影响完成时间。一个项目的成败靠执行力,其资源结构往往制约着项目执行的过程。资源分解结构告诉我们执行时资源的种类与控制管理方式。通过资源分解结构,可以在满足资源需求细节上制订进度计划,并可以通过汇总的方式向更高一层汇总资源需求和资源的可获得性。资源分解结构虽然在结构重要性及应用普及率上略逊于工作分解结构,然而由于 RBS 在资源统计测量分类上具有简单易行、结构明晰等优点,并且当它和作业分解结构(Work Breakdown Structure,WBS)协调工作时,可以帮助项目管理者详细计算项目成本,包括最低级别科目成本明细和项目不同工作内容的成本等,目前已经被众多国外项目管理者应用于项目成本测算。

成本管理从当前公司所处的综合环境和公司现有成本构成出发,通过成本分解结构(Cost Breakdown Structure,CBS)计算出项目所需大致成本,并结合企业情况设定一个目标成本,以此对公司产品成本形成过程进行追踪、控制及调整。将其运用到海工项目中,即以船厂所面临的市场环境、金融环境和自身情况为基础,来预测建造一个海洋平台所需的成本,以计算得出的数据作为目标成本,目标成本即为成本预算管理所要达到的目标。目标成本在海工产品的整个生命周期中一直起作用,以确保在其生命周期内尽量早地降低成本,从而实现多目标管理。CBS 贯穿于海工项目成本管理的整个生命周期,企业能否更好地进行成本管理,关键在于能否合理进行成本结构分解。

1.3 海工项目国内外发展现状

1.3.1 海工项目概述

1.海工项目的含义

海洋工程具有很深的内涵和广泛的范围,从广义上来说,海洋工程包括海上交通运输装备、油气开发装备、电力装备、建筑施工装备及渔业装备等;从狭义上来说,海洋工程主要指海上油气开发装备。海上油气开发装备则又分为钻井平台和油气开发船舶。海洋平台分类如图1-1所示。

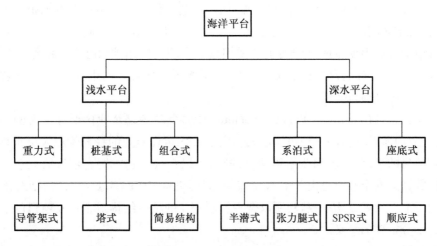

图1-1 海洋平台分类

从海工装备的全生命周期来考虑,其区别于船舶的地方在于,海工装备产品往往更偏重于概念设计。船东在找到合适的课题之后,会找专门的设计公司为其进行船体设计,得到符合要求的平台概念设计后,才会进行融资并寻求相应的海工企业进行设计展开。具体到海工装备的建造过程,其与船舶建造有相似之处,按照专业可以分为船体生产、涂装生产、舾装生产三大类。由于不同海工企业的技术水准、生产设施和条件层次参差不齐,故难以寻求生产过程中形式上的统一,尽管如此,建造阶段的基本原则和方式是不变的。海工项目建造流程如图1-2所示。

海工装备的整个生命周期按时间顺序大致可分为初步设计阶段、投标阶段、详细设计和生产设计阶段、采办阶段、生产建造阶段、安装调试阶段、项目交付等。其主要流程可以用图1－2来表示,其中就整个过程中项目管理分阶段进行简要说明如下:

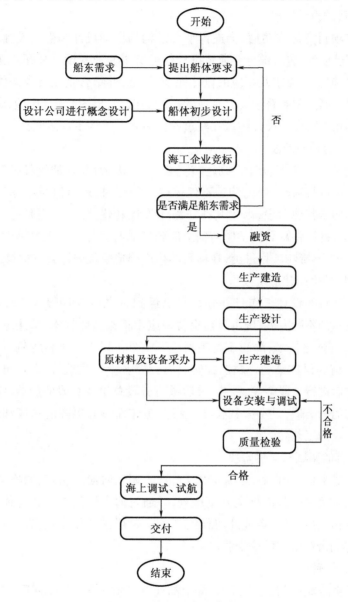

图1－2 海工项目建造流程

(1)海工项目的初步决策阶段

海工项目产品明显区别于船舶的地方在于,海洋平台有固定的工作海域。根据不同海域的海况来进行平台类型的选择,且根据平台核心设备的不同,在结构上同样会有较大变动。船东在决定寻找合作企业进行项目洽谈之前,会根据自身的需求来定位目标产品的各项指标及要求。目标产品的各项数据确定后,船东联系合适的设计公司进行目标产品的概念设计,初步确定其蓝图。在获得目标产品的雏形之后,做出项目的可行性分析,同时筛选合适的合作者进行竞标,直到最终确定某一家海工企业作为其合作伙伴。竞标结束后,中标的海工企业代表会与船东代表就项目的各个环节进行商谈,而后项目才会由中标的海工企业接手,进行最后的设计生产建造。

(2)海工项目的设计阶段

海工企业在项目竞标成功后,会进行平台结构的详细设计和生产设计,有设计能力的企业一般选择自己设计,也有部分企业将设计任务交由专业的设计公司。在项目的设计阶段,海工企业会根据合同要求及相应的设计标准、规范,并结合企业自身条件开展相应的设计工作。设计图纸的出图和管理会以企业的经验为依据,出图顺序和图纸编码也会与企业的建造进度安排相互对应。设计图纸在经过检验后才会进入下一阶段。

(3)海工项目的采办阶段

海工项目的采办在生产设计完成之前就会开始,因为钢材、油气等必需材料不必等到材料清单确定后再进行采购,提前购进不仅可以节约工时,还可以减小库管部门的仓储压力。采办阶段不同于其他阶段,因为其并非限于设计和建造之间,而是持续较长时间。海工项目的材料和关键设备从寻找供应商到最后到货的时间并没有太严格的要求,而是要满足建造阶段的需求,不影响项目进度,在项目的生产建造阶段同样会有材料设备的到货。

(4)海工项目的生产建造阶段

在完成海工项目的设计工作且部分材料已经到货之后,即可开始项目的生产建造工作。随着造船技术的不断发展,国内目前也普遍应用精益造船技术,采用总装化造船、成组技术和壳、舾、涂一体化技术,海洋工程项目也不例外。以半潜平台为例,按照总装造船先将平台按结构分解为浮体结构、立柱、撑管、钻台结构、上层建筑等部分,再将各部分细分,分别建造完成之后进行分段舾装、涂装,最后进行分段总组及总段的舾装、涂装。海洋工程总体建造过程与船舶类似,只是因其长期在海上工作而具有更高的精度和质量要求,在大型设备方面有特殊的工艺。

(5)海工项目的调试与交付阶段

在船坞内完成平台总组、舾装、涂装之后,进入调试阶段。船东、船检会按照具体的细节要求和通用的规范对平台进行全方位检查,并通过海上试航对平台总体性能进行考察。在各项指标都合格之后,海工企业才将最终产品交付船东并行驶到指定海域投入使用,船东也会相应地将剩余资金支付给企业。

2.海工项目的特征

海洋石油工程是多元化的系统工程,海上油气田的开发是海洋石油工程的主要内容之一,现在已发展成一门崭新的综合性工程学科,包括海洋油气田勘探和开发,各种平台、船舶海上油气集输系统、海上运输系统、海底管线等,涉及多个学科领域,是一个综合性的系统工程。

技术含量高、资金投入高、风险大。由于海洋水深的影响,海洋石油工程对平台结构、浮体等专业的技术要求非常高,最先进和最严格的技术经常会用到海洋石油工程设计中,特别是深海项目。海洋石油工程的投资一般以亿为单位,同时为了节省资金和尽早收到效益,工程周期比较紧,计划性很强,因此海洋石油工程是一个高风险的行业,地质油藏、海况天气等不确定性因素也增大了海洋石油工程的风险。

采用项目管理模式进行开发。随着海洋石油工程开发向深水和环境恶劣的海域发展,工程的规模、技术复杂程度、投入的人力和资金都在迅速增加。如此复杂庞大的工程项目，在其进行的各个阶段，除了需要先进的技术、设备和材料外，还必须有一套科学严密的管理组织、管理程序和管理方法来控制项目的各个环节，最终才能实现较高的经济效益。目前世界范围内的经验，包括我国的经验，都充分证明专业化的项目管理是海工项目达到预期经济技术指标的重要保证。人力资源管理、范围管理、进度管理、费用管理、质量管理、信息交流管理、风险管理、采购管理、沟通管理、HSE 管理、分包管理及计算机辅助管理在海洋石油工程项目中的各个阶段都会应用到。特别是质量管理、费用管理、进度管理和 HSE 管理被称为海洋石油工程项目管理中的"四大目标"，几乎所有的工作和任务都是围绕这"四大目标"来进行的。随着国内海洋石油工程的发展、借鉴国外工程成功的开发模式，多种项目管理经验和方式也在国内的海洋石油工程项目中得到了很好的应用。现阶段最普遍的工程开发模式是 EPC(设计－采购－建造)模式。

海工项目的性质决定了管理的复杂性和重要性，而项目管理中的细节控制显得尤为重要，忽略细节、执行力不够等都可能阻碍项目整体的正常运作，甚至造成巨大损失。随着海工项目从浅水走向深水，项目朝着大型化、复杂化发展，因为细节控制不到位而造成损失的案例也越来越多。细节控制到位将会有效地促进项目的展开，锦州某项目采用"绣花针"式项目管理，将项目工期大大缩短，使项目的安全性、质量得到有力控制，成为海工项目细节控制管理的典范。

海工项目还具有涉及专业多、关联性强的特点。海工项目涉及专业包括钢结构、机械、配管、电气、仪表、通信、水下工程、防腐、大型船舶等。海工项目在管理运作时细化为不同部门进行管理推进：涉及导管架、组块的结构部门，涉及水下结构、陆地撬块的部门，涉及海底管道的海管部门，涉及专门技术、费用、合同、计划、行政、环保与安全的各部门。有的项目组甚至可以达到 10 个部门之多，项目内许多部门之间存在着交错关系。在项目管理中各个职能部门之间需要互相协作、相互联系。各部门只有相互协作好才能促进项目顺利进行，如果职能部门配合不好，就可能阻碍项目进行。海工项目具有生产周期长、涉及环节多的特点。完整的海上油气开发项目是复杂庞大的多元化系统性工程，它由勘探、钻井完井、设计、建造、海上运输和安装、试生产等环节构成。一般针对海洋工程的 EPC 方式指设计、采办、建造。项目管理需要对设计、采办、建造和安装阶段进行统一策划、统一组织、统一协调，实行全过程的进度、费用、质量、HSE 控制，同时协调整个环节同时运作，以确保在尽量短的时间内实现项目目标。海工项目具有风险大、质量要求高的特点。海洋结构物所面对的是各种各样的恶劣海洋环境。波浪、大风暴潮、巨浪、潮流、海啸、地震等复杂恶劣的海洋环境决定了海洋工程的高危性，因而对安全、环境、质量的控制要求必须严格。海洋工程类事故不仅会给公司利益造成巨大损失，有的甚至会给国家造成灾难性后果。例如，2010 年 4 月 20 日，墨西哥湾油井爆炸，井口喷发造成石油泄漏，这场灾难成为美国的国家灾难，同时给海洋生态环境带来巨大危机；我国蓬莱 19－3 油田出现的溢油事故也给国家造成了很大损失。目前，各国政府均加大了对海洋类工程安全性和环境健康安全的评估力度。

3．海工项目的组织结构

(1)企业职能组织结构

海工企业针对海工装备项目建立了满足项目管理的企业职能组织结构。传统的组织结构普遍采用直线制,这是最早也是最简单的组织结构形式,它对企业的职能部门进行按需划分,各级部门之间实行由上到下的垂直领导,以实现上级命令的直接传达和实施。其优点是结构形式简单,职能部门的职责分明;缺点是项目责任过于集中,往往要求负责人掌握多种知识和技能,各种业务都要亲自过问处理,这样难免会导致项目存在的问题无法及时得到解决。针对直线制组织结构横向联系较差、弹性不足的缺点,更多的企业选择了矩阵制组织结构。矩阵制组织结构不仅有直线组织结构的垂直领导形式,同时又建立了以项目为依据的横向联系结构,解决了直线制组织结构缺乏弹性的问题。海工企业所采用的矩阵制组织机构(图1-3),根据不同的项目从职能机构中抽调数量不一的人员进行项目执行和管理,在一定程度上减轻了企业的职能部门冗杂程度,加强了不同职能部门之间的联系和沟通。

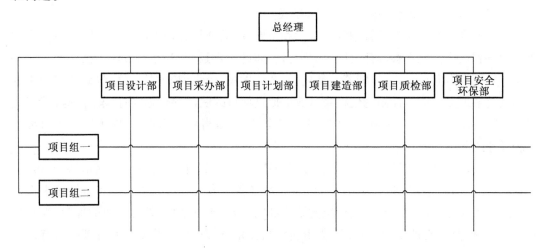

图1-3 海工企业组织结构

海工企业在项目管理背景下,以项目为核心的职能部门主要包括项目设计部、项目采办部、项目计划部、项目建造部、项目质检部、项目安全环保部。不同的部门之间彼此独立,但是共同为项目服务,不同部门的人员有可能在同一个项目组,虽然履行的职责不同,却可以针对项目进行沟通,更多的交流不仅增进彼此间的认可度和信任程度,也会对项目服务起到促进作用。下面就不同职能部门进行具体分析。

①总经理

就项目而言,总经理为项目的最高管理者,负责项目的统筹协调。

a.制定项目的总体管理方针、目标,针对项目进行人员挑选,并组建项目组。

b.定期召开各种会议,对项目进展及各项要求进行监督;向员工传达质量规范的重要性,调动员工的积极性。

c.对项目各配套设施进行统筹管理,针对各种突发事件进行决策。

d.各部门提出的各种需求都要经过总经理的批准,总经理要进行把关,并进行最终决定。

e.协调各部门间工作,解决不同部门间的意见分歧。

f.与船东进行沟通,在考虑船东利益的同时,促进己方方案能顺利执行,并获得最大的收益。总经理并不直接参与到项目中,只对项目阶段性成果提出意见,并对各种计划外的事件进行处理,这也对总经理提出要求,即不仅要对海洋工程的整个建造过程有足够的了解,对各个细节也要很熟悉,同时还要有足够的决策能力,可以在短时间内做出对海工企业最有利的决定。

②项目组

项目组本身并非独立存在,而是相对于项目,当海工企业启动项目的时候,由在不同部门中抽调出的人员组成特定的项目组。项目组的人员并不脱离原有部门,还是负责和原部门相同的工作,工作内容暂时只针对当前项目,等项目完成后再进行其他任务。

a. 项目各类图纸的设计及图纸审核,图纸、文件的管理。

b. 项目材料及关键设备的采办。

c. 项目运行方案的设计,人员职责分配。

d. 制订项目的各级计划,并监督项目进度计划的执行。

e. 项目的整个建造过程、舾装、涂装都要由项目组来负责,后续的平台检验及试航工作也同样由项目组负责。

项目组负责项目的所有事务,相当于在原有部门的基础上,给企业人员赋予了双重角色,企业中的相关事宜以职能部门的角色参与,同时还要在项目中扮演项目人员,在两套并行的系统下,使企业的管理更合理化。

③项目设计部

目前多数海工企业都会建有自己的设计中心,这样不仅对企业本身的项目生产、设计起到很好的衔接作用,同时还节省了很大一部分设计费用。

a. 在项目签订以前,设计部要配合项目的合同洽谈,对项目进行技术把关及合同评审。

b. 项目签订以后,设计部主要负责项目图纸的设计,准备材料清单和采办要求,为生产建造部提供相应的技术规格说明书。

c. 在建造过程中要为现场提供相应的技术支持,同时针对建造过程中出现的纰漏修改图纸。

d. 在详细设计和生产设计结束后,设计部要对设计图纸进行分类保管,同时,针对建造过程中的修改做好记录。

项目设计部虽然在总经理的管辖范围内,但也有其独立的组织结构。在项目的整个设计过程中,所有的设计人员都要受设计部经理管理,图纸的更改和最终方案的确定也要经过设计部经理的授权和同意。设计部经理是项目设计部的领导者,设计部和总经理的沟通是通过设计部经理进行的,处理方案的确定也由设计部经理和总经理进行磋商确定。

④项目采办部

除了船东指定的部分大型设备和指定材料的供应商,海工企业所需的大部分材料都要由采办部进行购买。

a. 项目采办部要根据设计部的材料清单进行材料供应商的筛选,与供应商进行材料订单的洽谈,并最终确定供应商。

b. 与生产建造部、材料供应商协商,确定材料的到货时间。

c. 根据协商结果制订相应的材料到货计划表,统计库存情况并进行相应的成本核算。

d. 对到厂材料和设备进行监督,确保材料满足建造的时间要求。

e. 配合质检部进行到厂材料的质量检验,保证其质量满足要求,若出现质量问题,应及时与供应商协商,进行退货换货,以免影响生产建造进度。

项目采办部工作质量的好坏将直接影响到项目的生产建造,甚至会对项目的利润产生影响。材料设备价格在整个项目资金中占很大一部分比例,同时材料设备的质量及到货时间都将对项目建造的进展产生影响,如果在材料供应商方面产生纰漏,最直接的影响是推迟项目建造计划,严重的话甚至会对项目交付时间产生影响。因此,项目组对采办部提出相对较高的要求,项目采办经理的直线管理已不能满足需要,而是增加了下属的职能部门。

⑤项目计划部

项目计划部负责制订项目的各类计划,主要是建造的节点计划,各类职能计划则由各职能部门分别负责制订。

a. 根据项目合同制订项目里程碑计划。

b. 制订生产建造计划,收集各职能部门制订的计划,并将其整合,形成完整的项目进度计划。

c. 将项目进度计划进行细化,最终编制成四级进度计划。

d. 调查各部门的工作进展,对项目实际进度进行跟踪。

e. 根据得到的实际进度反馈对原有项目进度计划进行调整,或对各部门工作进行督促。

f. 分析实际进度和计划进度产生偏差的原因,并针对问题提出相应的解决方案。

项目计划部对项目的进度控制和管理有着至关重要的作用,其不仅负责项目工作的计划,同时负责对各部门工作进行监督和督促。在庞大的海工项目建造过程中,出现偏差或错误是不可避免的,而项目计划部的作用就是减少这种错误的发生,或者在出现错误的时候尽早进行处理,将这种错误所造成的损失降到最低。国内海工企业和国外先进企业之间的差距,很大程度上体现在对项目进度的管理上:一方面是国内的海工企业不能制订完善的项目进度计划体系;另一方面是对进度计划的执行不够强硬。为了制订出切实可行且时间利用率高的进度计划,有必要对项目计划部的人员职责进行明确。

⑥项目建造部

海工企业的生产建造在很大程度上也是采用外包的形式,借助外包工队解决企业生产任务繁忙和劳动力缺乏的矛盾,这样不仅可以降低成本,还能提高工作效率,便于管理。

a. 联系外包工队,并安排施工队工作。

b. 在计划编制阶段,配合计划部工作,提供技术、经验支持,如实反映项目工作进展,协助进度控制工作。

c. 根据计划部编制的生产计划进行生产建造。

●组立加工车间:钢板、型材准备、下料、切割、分段组装等。

●船体总装车间:分段组装、合龙。

●舾装车间:分段舾装、总段舾装、平台舾装。

●涂装车间:钢材、分段涂装、总段涂装、平台涂装。

●起运车间:材料、分段、设备等的调运。

d. 监督生产工作的开展,维持车间现场秩序,以及施工队伍的管理。

e. 与设计部门进行沟通,协调解决生产中遇到的技术问题。

f. 与质检人员进行沟通,配合质检工作。

外包工队里的人员比较复杂,一般都是个人组织的农民工,企业引入了外包工队,项目质量难以得到保障,外包工队的选择及海工企业对外包工队的管理便对项目质量有较大的影响。项目建造部是外包工队的直接领导部门,对外包工队的管理负有较大的责任:一方面要负责外包工队的动员工作,以免在生产建造中产生懈怠而影响建造进度和质量;另一方面还要对建造细节进行把控,防止偷工减料现象的发生。

⑦项目质检部

项目质检部是海工企业在质量监控方面的主要部门,众所周知,项目质量能否过关是项目最终能否交付的关键所在,由此可见其重要性。项目质检部人员必须有丰富的生产建造经验,并对建造规范有较好的认识。

a. 质检部人员在项目开始前需就质量标准问题与船东、船检进行沟通,以获得统一的标准。

b. 对采购物资进行入厂质量检验。

c. 在海工项目的建造过程中,要对中间产品进行随机抽验,以保证中间产品的质量。

d. 进行完工检验,并准备相应的完工文件。

e. 对检验中出现的问题进行分析,并提出相应的修改意见。

由于海工项目比传统船舶项目有更高的质量要求,这使得项目的质检工作变得更加严格,任何环节出现质量问题都会影响到项目最终的检验成果。从设计到项目最终的交付,中间每一个环节几乎都有质检的要求,面对如此繁重的质检工作,质检人员必须做到尽职尽责,对产品的检验需覆盖所有可能对项目进展及最终产品产生影响的范围。对于出现的质量问题,需尽早提出切实可行的修改意见并及时实施,以免影响项目进度。企业内部的检验要求要严格按照规范或高于规范进行,因为项目完工后的质检工作由船东船检负责,若不以规范为依据,难免在最终检验的时候出现质量问题。

⑧项目安全环保部

目前,越来越多的海工企业在关注项目进度和质量的同时,将更多的注意力转向了企业的安全环保工作,项目过程中的低事故率在建立企业形象方面已成为一个很好的标杆。而随着全球范围内对环保工作的关注,海工企业也对环保工作投入了更多的人力、物力。

a. 贯彻执行国家及上级主管部门制定的有关安全生产、环境保护的规定,坚持"安全第一、预防为主、综合治理"的安全环保生产方针。

b. 加强安全生产、环境保护的宣传,提高企业员工的安全环保意识。

c. 对项目的安全环保工作进行坚持和监督,做好易燃易爆品、有毒有害物质的管理和控制。

d. 对安全、环保工作的资料进行收集,并及时准确地向上级汇报。

e. 及时处理出现的问题,或督促有关部门进行整改。

一个好的海工企业不仅仅体现在出色的项目完成能力,更重要的是在项目建造过程中不会出现安全问题,国家一直在提倡以人为本,如何才能在庞大的海工项目中不出现事故,才是企业管理水平的突出表现。项目安全环保部可以分为三个子部分,分别是安全管理、环境管理及消防管理。

（2）计划管理组织结构

在海工企业的管理体系中，除了企业的职能组织结构，另一个并行的管理系统就是项目的计划管理组织结构。前者可以说是企业的硬件结构，后者则是针对项目的软结构。在签订合同之后，便进入了海工项目组的全线操作过程，按照时间流程基本可以分为四个阶段，即设计阶段、采办阶段、生产建造阶段和装备调试阶段。项目计划部根据各部门提供的数据，制订完整的项目进度管理计划；针对不同的阶段，按照进度计划管理流程分别进行管理，如图1-4所示。

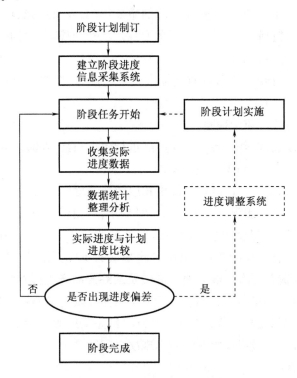

图1-4 项目进度计划管理流程

进度计划管理流程分别在各个阶段执行，当出现进度偏差时应及时进行反馈并调整进度计划，若无偏差则继续进行阶段任务，直到某一阶段完成，则进入下一阶段。

①设计阶段

在海工项目合同签订之后，项目便进入设计阶段。设计部选定相关项目的设计人员，并进行任务分配，不同职责的工作人员完成自己负责的任务后即可提交。为了便于管理，企业内部会有相应的编码系统对图纸进行编码，提交的图纸有专门的人员进行管理，以便相关人员进行查阅。存在约束关系的图纸设计，在紧前设计完成之后，管理员会提醒后续设计人员，以保证设计进度。项目设计部根据设计经验编制的设计进度计划，在通过项目计划部审批之后便要严格执行，根据进度计划管理流程处理设计过程中出现的偏差；项目计划部则定期对设计成果进行检验。

②采办阶段

设计阶段完成后,设计部门会向采办部提供物料清单,除了船东要求的大型设备,大部分材料都需要海工企业进行采办。采办部门在经过多次项目采办后会积累一些信誉高、质量好的材料供应商的资料,在进行供应商选择时,一般会选择有合作经验的合作伙伴,或者选择条件更诱人的新伙伴进行合作。物料的采办是成本控制中的关键环节,选择对的供应商可以为企业节省很大一部分成本。在供应商确定后,根据建造进度要求进行到货节点协商,与供应商的协商一般会在有项目经理及生产建造部门人员参与的情况下进行。节点的确定以满足建造进度要求为前提,同时要考虑到企业的库存能力,过早到货会增加额外的库管成本。在与供应商签订合同之后,采办部会根据合同制定相应的设备到货进度表,并根据实际到货时间来进行供应商评审,并留作以后项目中材料供应商的选择依据。若到货时间晚于计划时间,要催货,以保证项目建造进度。对于到货材料设备,质检部要对其进行质量检验,并对其质量进行评价,列入供应商评审记录。

③生产建造阶段

首先,项目计划部要在生产建造部的配合下,结合项目合约要求及船东要求的项目节点,制订完善的生产建造计划,即在生产建造阶段开始之前,应进行完善的准备工作。首批项目材料设备到厂便可展开生产建造工作,根据项目生产建造进度计划和材料设备到货时间表展开工作。生产建造阶段的进度计划管理是整个进度计划管理的重点,也是最难控制、最容易出现差错的环节。项目生产建造因牵涉人员多且复杂,建造周期长,包含的活动数目巨大,进行统筹管理难度较大。因此要充分发挥项目计划部的进度管理职能,定期进行项目进度核实,生产建造部要积极配合项目计划部的工作,如实汇报进度,计划部根据其提供的进度报告及时修订建造进度计划,以弥补建造过程中进度偏差或跟进进度计划。同时项目计划部要根据生产建造部提供的实际数据分析偏差产生的原因,并做相应的记录,在召开总结会议时要对其进行着重强调,以免后续工作出现类似错误。项目计划部要结合进度分析按时向项目经理进行汇报,并落实其提出的改进意见,实现由上到下的层次管理。

④装备调试阶段

海工项目建造完成后,应在船台(坞)进行最后一次涂装,然后下水进行水上调试。下水前要由质检部监督,对平台进行完整性检验,若出现完整性问题,则要继续在船台(坞)进行搭载作业,若没有问题则可进行下水作业。下水完成后要对项目进行码头设备安装,并进行相关性能调试,若没有问题出现,可向船东、船检交船。海工装备的调试标志着项目进入了收尾阶段,最后阶段也要有严格的进度计划要求。相关计划由生产建造部制订,并严格实施,只有从始至终都坚持严格执行进度计划,项目的进度管理才会有意义,也会更有效。

1.3.2 海工项目的国内外发展现状

1. 全球造船市场运行情况

2012年以来,受发达经济体复苏艰难、新兴经济体发展增速回落的影响,国际航运市场出现了需求减少、运力过剩的局面。新船需求的大幅缩减导致造船市场萎靡不振,国际造船市场正经历极为不景气的一段时期。

（1）新船成交量下降近 3 成，造船需求迅速萎缩

2012 年，因全球航运市况长期下滑及船舶金融市场紧缩，全球造船需求迅速萎缩，新造接单情况在 2011 年大幅下降的基础上继续下行。据英国克拉克松公司统计，2012 年全球共成交新船订单 4 548 万载重吨、2 129 万修正总吨，较 2011 年分别下降了 27.57% 和 22.86%。其中，我国承接新船订单量为 1 903 万载重吨、710 万修正总吨，分别占世界市场份额的 41.8% 和 33.3%。2006—2013 年一季度全球船舶市场新接订单量及同比增长如图 1-5 所示。

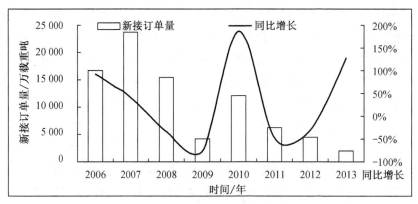

图 1-5　2006—2013 年一季度全球船舶市场新接订单量及同比增长

（2）新船交付量小幅下滑，但仍处于较高水平

2012 年，全球新船交付量虽小幅下滑，但仍处于较高水平。据不完全统计，以载重吨计，全年订单交付量为 15 215 万载重吨，较上年下降 4.25%；以修正总吨计，全年完工量为 4 533 万修正总吨，较上年下滑 6% 左右，下降幅度远小于订单量。其中，我国完工船舶 6 460 万载重吨、1 863 万修正总吨，所占比重分别为 42.5%，41.1%，较上年略有增加。2006—2013 年一季度全球船舶市场造船完工量及同比增长如图 1-6 所示。

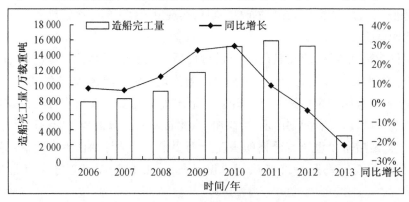

图 1-6　2006—2013 年一季度全球船舶市场造船完工量及同比增长

（3）手持船舶订单量持续缩减，订单入不敷出现象严重

根据克拉克松公司数据显示，2012 年世界新船完工量要比同期新船成交量高出 10 667 万载重吨，较上年增加了 1 067 万载重吨，订单入不敷出的现象日益严重。截至 2012 年年底，世界手持船舶订单量为 26 059 万载重吨、9 294 万修正总吨，较年初分别下降了

26.82%,17.39%。其中,我国手持订单量分别为 10 990 万载重吨、3 312 万修正总吨,占世界比重为 42.2%,35.6%,较上年略有下降。2006—2013 年一季度全球船舶市场手持订单量及同比增长如图 1-7 所示。

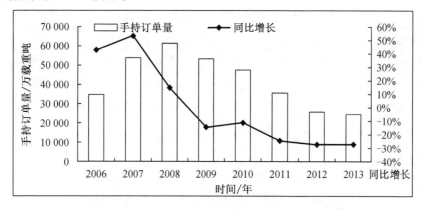

图 1—7 2006—2013 年一季度全球船舶市场手持订单量及同比增长

(4)我国船舶业在世界船舶行业中的地位变化

我国造船业自 20 世纪 70 年代末开始大步走向国际市场,40 多年来取得了举世瞩目的成就。1994 年,我国船舶工业首次居世界造船业第三位,目标直逼日本、韩国;近年来,我国船舶工业国际市场份额迅速上升,在 2010 年,按载重吨统计,我国首次位居全球第一;2011—2012 年,以载重吨计,我国船舶工业连续居于全球首位。近年来,我国船舶工业快速发展,所占国际市场份额不断扩大。按载重吨计,我国造船完工量不断攀升,所占世界比重自 2006 年的 19.0% 增长至 2012 年的 42.5%,提高了 23.5 个百分点,2013 年一季度这一比例略有下降;新接订单量随行情震荡波动,2012 年所占比重为 41.8%,较行情最好的 2009 年下降了 19.8 个百分点;2006—2011 年我国手持订单量比重持续增大,自 2006 年的 24.0% 增加至 2011 年的 44.9%,6 年间增加了 20.9 个百分点;2012 年,这一占比降至 42.2%,较上年降 2.7 个百分点。2006—2013 年一季度我国三大造船指标所占全球份额情况(以万载重吨计)如图 1-8 所示。

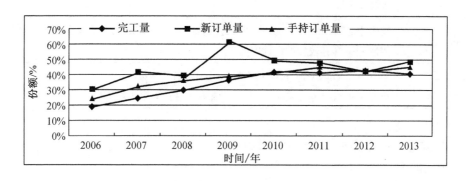

图 1-8 2006—2013 年一季度我国三大造船指标所占全球份额情况(以万载重吨计)

2. 国内外船舶公司技术发展概况

世界著名海工装备设计企业见表1-1;国内主要设备供应商见表1-2。

表1-1 世界著名海工装备设计企业

企业名称	国家	典型产品
F&G	美国	自升式钻井平台,半潜式钻井平台,FPSO
GustoMSC	荷兰	自升式钻井平台,半潜式钻井平台,FPSO,钻井船
Diamond Offshore	美国	自升式钻井平台,半潜式钻井平台,钻井船
MODEC	日本	半潜式钻井平台,FPSO
Saipem	意大利	半潜式钻井平台
Aker Kvaemer	挪威	半潜式钻井平台,FPSO,钻井设备
Ulstein	挪威	AHTS,PSV,OCV,铺管船,风电安装船

表1-2 国内主要设备供应商

企业名称	研发设计水平
中集集团	烟台中集海工研究院、上海中集海洋工程研发中心、国家能源海洋石油钻井平台研发(试验)中心;拥有专业设计人员720人以上
振华重工	海洋工程设计研究院,聘请了多位国内外海洋工程领域专家;国家海上起重铺管核心装备工程技术研究中心;关联公司全资收购了F&G公司
中船重工集团	3万多名科研设计人员;8个国家级重点实验室、7个国家级企业技术中心;150多个大型实验室,如中国船舶科学研究中心(702所)、中船重工船舶设计研究中心有限公司、国家能源海洋工程装备研发中心等
中船集团	中国船舶及海洋工程设计研究院(708所)、上海船舶研究设计院、广州船舶及海洋工程设计研究院等
中远船务	技术中心(大连)、中远船务海工研发中心(南通中远船务)、CK设计中心、江苏省(中远船务)海洋工程装备研究院;到2012年年底,海工研发中心总人数达600人以上
招商局重工	技术中心共100多人,其中30人拥有高级工程师职称,在海洋工程及特种工程船舶领域具有较强的设计实力
熔盛重工	2009年4月成立海洋工程设计所,有105名技术员
太平洋造船	海洋工程与船舶技术研发中心,拥有海工设计人员500人以上

3. 我国主要海工企业管理优势与劣势分析

(1)中国船舶重工股份有限公司

中国船舶重工股份有限公司(简称中国重工)是国内最大的国有造船集团之一,由中国船舶重工集团有限公司(简称中船重工)发起设立并持股65.13%。2011年2月,随着中国重工对大船重工、渤船重工、北船重工和山船重工四大骨干船舶造修企业收购相应股权后,中国重工已贯穿船舶制造及舰船配套、舰船装备、船舶修理、海洋工程装备、能源交通装备五大业务板块,成为中国唯一全产业链的舰船和海洋工程制造企业,在资产规模、业务收入、利润和市值等方面长期保持军工类上市公司的龙头地位。

公司的发展计划:一要力保舰船造修改装业务持续、稳定发展。二要扩大舰船装备业务范围,强化服务能力。三要大力开拓海洋经济产业,打造海洋经济重工品牌。四要积极推动能源交通装备及科技产业更好、更快发展。五要全面推进安全生产标准化达标建设,确保安全生产、形势稳定;实施质量管理方法推广工程,确保产品质量总体稳步提升;推进能效水平对标管理,大力推动节能技术改造和创新,提高节能效率,实现节能目标。

中国船舶重工股份有限公司SWOT(态势分析法)分析:

①优势

a. 业务多元化:不仅造船,在海洋工程、新能源和环保设备方面也有优异表现。

b. 研发实力雄厚:具备国内最强的工程技术研发能力,并覆盖舰船完整产业链。

c. 军工、海工亮点突出:是国内海军舰船装备的主要研制单位和供应商,是中国A股军工类上市公司龙头。

②劣势

未来资产注入、重组时间进程及对公司的影响存在不确定性。

③机会

a. 中船重工持续注入优质资产以拉动公司做大做强。

b. 中国海军发展紧迫,海军大型舰船装备发展将加速,预计未来海工订单会出现爆发性增长,公司海工业务将迎来跨越式发展。

④威胁

a. 利润增长风险:原材料成本和人工成本大幅上升,影响盈利水平。

b. 行业周期风险:造船行业依然低迷,整体上产能过剩,行业不景气情况仍将持续。

c. 汇率风险:人民币若持续升值将会降低公司造船的国际竞争力。

(2)中国船舶工业股份有限公司

中国船舶工业股份有限公司前身为沪东重机股份有限公司(简称沪东重机)。2007年,沪东重机收购上海外高桥造船有限公司等资产后,更名为中国船舶工业股份有限公司。公司为中船集团核心上市企业,整合了中船集团旗下大型造船、修船及船用主机三大业务板块,是一家具备国际竞争力的民用船舶制造企业。公司持有上海外高桥造船有限公司100%股权、中船澄西船舶修造有限公司100%股权和广州中船远航文冲船舶工程有限公司54%股权,初步具备造、修、配完整的船舶制造产业链,业务涉及船舶和柴油机生产行业内投资,民用船舶销售,船舶专用设备、机电设备的制造、安装、销售及船舶技术咨询服务等领域。

中国船舶工业股份有限公司SWOT分析:

①优势

a. 完整产业链:公司相对完整的产业链能够节约交易成本,提高整体毛利水平。

b. 收购优质资产:2011年3月收购广州中船龙穴造船有限公司,给公司业绩增长带来积极影响。

c.造船技术先进:公司的现代造船模式日益突出,造船生产效率不断提高。子公司上海外高桥造船有限公司的完工总量连续六年位居中国各船厂之首。

②劣势

a.产品结构相对单一,高附加值产品占比单薄。

b.海工技术有待提升,该业务新签订单市场上未有明显突破。

③机会

a.未来中船集团下属的沪东中华船厂、上海船厂和中船黄埔船厂等优质资产注入的可能性极大,有助于提升公司的接单能力。

b.国家对技术成果转化、油气田开发、海工及大型船舶设计方面补贴的大幅增加有助于提升企业营业收入。

④威胁

a.原材料风险:钢材、能源价格和劳动力成本不断上涨,企业盈利增长乏力。

b.撤单风险:全球经济复苏放缓,造船价格下降,公司存在订单撤销的风险。

(3)广州广船国际股份有限公司

广州广船国际股份有限公司由广州造船厂改制设立,并于1994年10月注册变更为中外合资股份有限公司。公司目前是中国船舶工业集团公司下属华南地区重要的现代化、综合性造船企业,享有自营进出口权。广州广船国际股份有限公司以造船为核心业务,业务涉及大型钢结构、港口机械、电梯、机电产品及软件开发等,并已成功进入滚装船、客滚船、半潜船等高技术、高附加值船舶市场。

广州广船国际股份有限公司SWOT分析:

①优势

a.实力雄厚:是国内中小型船舶建造公司龙头,特种船技术实力出色,产品线丰富。

b.产品结构优势:具备生产高附加值特种船的能力,且单船造价高、利润高。

c.产能充分:中山基地处于产能建设期,后期产能有保障。

②劣势

中国船舶工业集团公司和下属上市公司的同业竞争及关联交易问题一直没有得到很好的解决,后续的资产整合仍未敲定。

③机会

a."国轮国造"扶持政策,有助于公司在油船和特种船方面实现新接单的加速突破。

b.公司已在2015年之前从市中心搬出,按照同区域的广钢股份的土地征用补偿公告来参考,其后续的土地征用补偿或将相当可观。

④威胁

a.利润风险:原材料成本压力持续,公司毛利率将显著下滑。

b.需求风险:全球经济复苏进程缓慢影响下游航运用船需求。

c.汇率风险:人民币持续升值影响公司整体竞争力。

(4)江苏亚星锚链股份有限公司

江苏亚星锚链股份有限公司(AsAc)是全球业务规模较大、技术领先的锚链供应商,专业从事船用锚链和海洋系泊链生产。公司创建于1981年,于2010年11月19日在上海证券交易所上市。公司 60% 左右的产品出口至日本、韩国、美国和欧洲的多个国家,是中国船用锚链和海洋系泊链的生产和出口基地。该公司控股子公司(正茂集团)的锚链产品国内市场占有率在 50% 以上,国际市场占有率达 33%。

江苏亚星锚链股份有限公司 SWOT 分析:

①优势

a.技术优势:公司系泊链生产技术实力雄厚,是国内唯一一家、世界两家之一可供货 R5 系泊链的厂商。

b.进入壁垒:行业准入门槛较高,公司垄断地位稳固。既有的垄断地位使得公司对上下游的议价能力较强,有利于规避市场波动风险。

c.品牌力量:公司品牌优势明显,与大量高端客户保持长期合作,同时获多家船级社认证,具备完善的质量保证体系。

②劣势

a.公司出口的系泊链订单以中低端为主,高端产品占比较小。

b.募投项目建设进度慢于预期,影响产能扩张计划。

③机会

a.全球海洋石油开发的较高活跃度推动海工设备行业高景气,公司将从中受益。

b.海洋工程设备已进入中国"十三五"新兴产业规划,"十二五"期间中国海工装备产业接订单金额高达 2 662 亿美元,未来中国海工事业对公司产品需求空间巨大。

c.海洋系泊链是海工平台和船舶的"必备品",公司产品市场空间广阔。

④威胁

a.原材料价格风险:钢材价格若上升,将增加公司成本上升的压力。

b.行业周期风险:船用链属于船舶配套产品,受船舶行业大周期影响。

(5)中船江南重工股份有限公司

中船江南重工股份有限公司是江南造船(集团)有限责任公司独家发起,以其下属的钢结构机械工程事业部为主体,通过社会募集方式设立的上市公司。该企业是中国大型钢结构、成套机械工程制造基地,具有中国人民共和国住房和城乡建设部(简称住房城乡建设部)颁发的钢结构专业承包一级资质,以大型钢结构工程、重型港口机械、特种压力容器三大拳头产品为主导,承担了许多国民经济与市政建设重点项目的开发研制,大型钢结构产品有国家重点工程葛洲坝船闸、长江三峡工程永久通航船闸、国家大剧院等;具有并掌握当今世界上最先进的船用液化气液罐的生产制造技术,船用液罐产品已成系列,并正在积极转化为陆用产品。

中船江南重工股份有限公司 SWOT 分析:

①优势

a.业务优势:非船和船配产品协调发展,抗风险能力提高。

b.发展目标明确:大力发展船配业务,将船舶上层建筑、轴舵、舱口盖、船舶的机舱单元系统四个方向作为发展目标。

c.区位优势:公司作为中国第一造船基地——"中船长兴造船基地"的核心配套加工中心,船配业务区域需求的重中之重,发展快速。

②劣势

a.公司缺乏大型总装场地,产能受限,75%的船配业务需外包,毛利率较低。

b.机械制造、压力容器车间于2011年上半年搬迁至长兴岛,长兴岛工作人员的住宿及生活补助等开支使公司管理费用提高。

③机会

a.公司控股股东江南造船厂为当今中国航母的制造方,而公司作为江南造船厂关联交易方,为其提供船舶配套装备,或将受益于航母建设。

b.受益于国家对船配领域的政策支持,公司的船舶配套业绩有望继续增长。

④威胁

a.毛利率下降风险:材料、能源和劳动力等成本不断上涨,船配业务利率下降。

b.行业周期风险:外部经营环境相对严峻,船舶市场继续在低位徘徊,新船订单萎缩,公司船舶配套业务受到影响。

(6)太阳鸟游艇股份有限公司

太阳鸟游艇股份有限公司创立于2003年,是中国规模最大、设计和研发技术水平最高、品种结构最齐全的复合材料船艇企业之一。公司从事高性能复合材料船艇设计、研发、生产、销售及服务,为客户提供从方案设计、产品制造到维修服务等全方位的个性化解决方案。公司注册资本6 500万元,已拥有湖南沅江和广东珠海两个生产基地。目前,公司共有三大系列产品:游艇(10~60 m)15个规格,40种型号;商务艇(10~60 m)18个规格,55种型号;特种艇(6~100 m)16个规格,30种型号。

太阳鸟游艇股份有限公司SWOT分析:

①优势

a.公司是中国规模最大、设计和研发技术水平最高、品种结构最齐全的复合材料船艇企业之一。

b.公司通过收购广州宝达、增资普兰帝(香港)游艇公司,扩大了在游艇业的影响力,增强了公司在特种艇方面的产能和竞争力。

②劣势

a.公司生产规模有限,产能存在瓶颈。

b.公司首次公开募股(IPO)募投项目进度低于预期,影响公司产能扩张与市场拓展的进程。

③机会

a.海洋经济的发展和水上执法装备需求的增长使得公司特种艇订单具备持续性。

b.公司持续获得政府订单,保证了公司未来业绩的稳定增长。

c.中国游艇产业巨大的潜在市场将打开公司未来的成长空间。

④威胁

a.政策风险:未来国内游艇行业将面临国家产业政策规范与调控。

b.扩张风险:公司利用超募资金进行外延式扩张,存在一定的不确定性风险。

(7)上海佳豪船舶工程设计股份有限公司

上海佳豪船舶工程设计股份有限公司创立于2001年10月,是目前国内规模最大、实力最强的专业民用船舶与海洋工程综合性研究设计企业之一,也是国内船舶科技类首家在深圳证券交易所挂牌的上市公司。上海佳豪船舶工程设计股份有限公司与国内外航运界和造船界有良好的合作关系,拥有最为完整的包括研发设计、基本设计、详细设计、生产设计及技术监理的技术服务链,可提供各种运输船舶、海洋工程及船舶、特种船舶和军用辅助船舶等项目的设计、咨询业务,还提供船舶机电工程项目的工程监理(监造)、投资顾问及设计工程承包等方面的服务。

上海佳豪船舶工程设计股份有限公司 SWOT 分析:

①优势

a.业务优势:凭借完整技术服务链及唯一船舶设计类上市公司的融资能力,公司在 EPC(Engineering Procurement Construction)工程总承包市场的竞争力突出。

b.技术创新:新船型开发持续取得进展,成为公司成长亮点并提升抗风险能力。

c.产业链优势:公司收购美度沙进行游艇及 EPC 的内装业务,实现游艇设计、制造、内装、运营一体化。

②劣势

a.EPC 业务模式是公司的开创性尝试,短期内毛利率波动较大。

b.游艇业务项目筹备期较长,进展低于预期。

③机会

a.国内游艇市场目前已进入高速发展期,对公司的产品设计有巨大的需求空间。

b.目前国内三大石油公司都在加大海工装备的投资力度,公司将受益于此轮海工装备投资热潮。

④威胁

a.市场认可风险:公司首创的船舶行业 EPC 业务尚未普及,未来能否被市场普遍认同和接受,仍需进一步确认。

b.市场开拓风险:公司游艇业务面临一定的市场竞争、市场开拓等方面的风险。

c.行业风险:世界经济二次探底,贸易复苏低于预期,造船行业景气度下滑。

1.3.3 海工项目建造管理模式实施

1.海工项目的主要任务

在我国,一般业主给竞标公司预留的可行性研究的时间都很有限,所以目前我国大多数可行性研究都很粗糙。海洋工程上多表现为对技术方案的详细论证、项目风险分析不够全面,缺乏项目周期各阶段风险管理的统一筹划及策略。对于大多数从事海洋工程的公司来说,可行性研究阶段的工作就是报价,这为中标后项目的运行埋下了重大隐患。我国的海洋工程类项目,可行性研究主要需要解决以下三个问题。

(1)项目的选择与承接

首先,从项目对公司的作用上看,项目是实现公司某一长远目标的手段和环节,即组织利用一系列项目的运作、经验和成果,逐步达到某个长期的战略目标。同时,又由于公司掌握的资源和经验有限,因此公司对项目应有选择地承接,或者承接项目的某一部分。项目选择参考的因素如下。

①在业主要求的项目时间内,组织所掌握的资源,如场地、机具、资金、人员、技术。

②组织对项目风险的承受能力。此处需要配合风险的定量分析,预计最大风险。

③项目与组织长期战略的一致性。项目是组织实现长期目标的手段,因此项目要在一定程度上满足组织的长期要求。

④业主对质量和人员的要求。业主通常会对承包商的资质有一定要求,如组织必须获得某一船级社的认证,项目人员必须达到某一学历或资格。

⑤财务上的指标,如成本回收期、利润率、机会成本。尤其在同一时期内出现多个项目,由于场地人员等原因必须进行取舍时,项目的选择更为重要。

(2)分包采办决策

分包是项目管理中的一种常用手段。通过对项目某部分工作的分包,并配合相应的合同条款,可以有效地规避项目风险,节省人力。同时,对于项目上必需的某些组织内不具备的技术、设备甚至人力等都可以在成本、进度计算之后,采用分包或联盟的方式与其他组织合作,以提高项目的可靠性,节省组织的长期投入。

分包决策既是上述承包决策的依据,也是它的一项结果。项目分包同其他材料一样,具有工期、质量、价格的属性,因此可以将其理解为广义的采办。公司在对项目或项目某一部分产生分包意向后,寻找符合要求和资质的分包商列表。若找不到满足条件的分包商,则项目不可承接;若可以找到,则取得分包商报价和工期,将其计入项目成本。

(3)成本预算与报价

报价是在可行性研究阶段公司对业主必不可少的一项输出,也是可行性研究阶段的工作核心。需要注意的是,可行性研究阶段是成本控制和预算的关键时期。因为我国海工类项目多采用固定总价合同,俗称总包合同。该类型合同将项目风险集中在承包商一方。一旦中标,除非业主认可变更,否则项目收入很难改变。因此如果这一阶段的成本预算不全面、不谨慎,在项目进行中,项目的费用压力就会特别大,再提出修改价格,公司就会陷入相当被动的境地。

同时,项目的成本预算也是一个多次、分层、循序渐进的过程。随着几轮的预算审核,预算的准确度逐渐提高。

成本通常是分包商、供货商的报价与组织内隐性成本(通常隐性成本是上述显性成本的一定百分比)之和,但是在实际的项目进行中,业主往往是分期分批地向公司付款,在公司收款之前,项目的费用需要由公司垫付。因此在做成本预算的过程中,除了要考虑上述几个项目的决策问题之外,还要考虑在项目进行时期公司实际可以提供的流动资金。

在经过上述几个问题的思考之后,就可以向业主提交最终的项目报价。中标后,在签订项目合同之前要仔细研读合同条款,确认合同中要求的工作与报价时的参考信息没有大的分歧。

至此,一个项目就顺利承接,正式启动。

2.海洋工程项目管理模式的实施过程

(1)组建项目团队

按照目标管理的定义,项目成果的实现依赖于项目成员的工作和配合。因此成员的选拔也应充分考虑项目的特殊性与个人的个性的匹配,即把合适的人员安排在合适的岗位上。同时项目团队建立得越早对项目越有利。海工项目的项目团队通常就是延用可行性研究阶段的人员,因为这些人员在研发阶段已经对项目有了比较深入的了解,正式工作起来可以节省熟悉时间,进而可以把项目的要求研究得更透彻,使方案更优化,从而提高项目的质量和档次。项目经理即为研发阶段的负责人。

团队成员的选拔通常在投标阶段,业主往往也会对项目人员有些基本的硬性要求,如学历、资质。除此之外,根据目标化管理的观点,还要因事(工作目标)设岗、因岗选人,并且要保证二者匹配,即个人能力与项目要求匹配是人员选拔的基本要求。岗位与岗位相匹配是指各岗位工作具有关联性和互补性,如方案的设计与校核。员工与员工相匹配是指每个人都有各自的强项和弱项,人员安排时要尽可能地考虑人员能力的互补性,这样可以提高项目质量,降低项目风险。同时,人员之间要互为替补,在一些大项目中,每个人都分配有大量工作,如果每项工作都由两人或多人管理,在发生人员变动时,项目工作不会因此停滞,项目信息不会被封锁。

我国海工行业人员大致分为高级工程师、中级工程师、初级工程师和毕业不久的见习工程师。各年龄层和技术等级的人员分别有其各自的优势和强项。例如:高级工程师经验丰富,技术深厚;中、初级工程师精力旺盛,责任心强;阅历较浅的见习工程师勤奋努力,头脑灵活,精力旺盛。海工项目的建造工作内容繁杂,技术难度深浅不一,需要具有各方面能力的成员一同参与配合,可以将上述几类人员优化组合,从而提高整个团队的战斗力。

项目经理是企业法人代表在项目上的全权委托代理人。在企业内部,项目经理是项目实施全过程全部工作的总负责人,对外可以作为企业法人的代表在授权范围内负责、处理各项事务,因此项目经理是项目实施的最高责任者和组织者。

项目经理的职责包括以下五点。

①保证项目目标实现,达到业主要求。

②协调各专业、各部门,使项目能够按照计划顺利进行。

③及时决策。项目经理需亲自决策的问题包括实施方案、人事任免及奖惩、重大技术措施、设备采购方案、资源调配、进度计划安排、合同及设计变更、索赔等。

④履行合同义务,监督合同执行,处理合同变更。项目经理以合同当事人的身份运用合同的法律约束手段,把项目各方统一到项目目标和合同条款上来。

⑤向上级汇报项目进展,协调项目资源。传统的项目经理通常只是一个技术方面的专家和任务执行者。现代项目经理不仅要有运用各种管理工具来进行计划和控制的专业技术能力,还要有经营管理等其他多方面的能力。比如,对项目部成员的激励及与业主、监理、设计,以及当地政府等各方的策略保持一致的能力。项目经理必须通过人的因素来熟练运用技术因素,以达到其项目目标。也就是说,他必须使项目部成为一个配合默契、具有积极性和责任感的高效率群体。因此,项目经理的能力要包括个性因素、管理技能和技术技能。

项目经理的基本条件包括以下四个。

①熟悉项目各环节的专业技术和环节。

②掌握项目管理方法。

③良好的职业道德。道德是人们交往的基础。项目经理的言行代表着公司和项目组

织的道德标准与工作态度,体现了公司的信誉,影响着公司以后的发展。同时,项目经理领导着众多的项目成员,良好的职业道德是项目经理树立个人威信的基础。

④号召力。项目的最终实现依赖于项目成员的共同努力。因此,项目经理需要具备足够的号召力和激励技巧,才能最大限度地调动起成员的积极性和激发成员的潜能。

人员培训安排:

根据某些项目的需要,项目人员需要补充一些必要的知识技能,如行业规范、新兴的技术算法、功能软件的使用。为了保证项目按计划进行,培训必须在涉及该知识技能的工作开始之前完成,且参与培训人员应熟练掌握。同时,还要尽可能减少因培训而占用的项目时间。

(2)项目沟通规划

项目沟通与通常所讲的人际沟通不同。项目沟通是指为了保证项目顺利进行,对项目信息正确采集、发布、传递的必要过程。人际沟通多指情感沟通,属于团队建设范畴。项目管理协会(PMI)按照信息流的顺序,将项目的沟通规划安排在项目的规划阶段。考虑到沟通是从始至终的工作,因此按照实际项目工作的时间顺序,将其提前到启动阶段。

①识别项目干系人

项目干系人是指那些利益受项目影响的个人或组织,通常包括业主、公司领导、团队成员、政府有关部门、社区公众、项目用户、新闻媒体、市场中潜在的竞争对手和合作伙伴等。

不同的干系人对项目有着不同的期望和需求,他们关注的目标和重点常常相去甚远。例如,业主通常十分在意时间进度,而设计师往往更注重技术一流,政府部门可能关心税收,附近社区的公众则希望尽量减少不利的环境影响。但是他们在受项目影响的同时,也可以在一定程度上对项目的运行施加积极的或消极的影响。因此,在项目初期快速识别出项目干系人,并识别出各干系人的要求和期望,调动其积极因素,化解其消极影响,可以对项目的顺利进行提供有力保障。

海工项目需要特别关注的干系人包括业主、公司领导、政府部门、分包商、供货商及项目成员。业主方,落实到个人就是业主方各专业的对口负责人。他们负责项目工作的评审和验收,是项目顺利进行的关键;公司领导通常会在项目成本和工作原则上对项目提出要求。分包商和供货商虽然是为项目提供服务的,但其工作和产品的质量,以及工作效率、到货日期等,都会对项目产生影响。因此项目要积极地为其顺利工作提供必要的便利条件和帮助。

②沟通方式

在识别出各项目干系人后,就要制订出具体的沟通计划和方式,以保证及时准确地将各类信息传达与各干系人。海工类项目常用的沟通方式包括邮件、例会、备忘录等。邮件是一种可信度比较低的沟通方式,即使用互联网进行简单的信息交互。项目例会一般是一周一次,是项目各专业、各部门负责人聚到一起对前一周计划完成情况的一次总结,内容通常包括:总结计划完成情况,列出存在的问题和困难;将实际进度和费用与计划做比照,根据相应的计算方法分析提前和落后的原因;提出问题解决方案和原则;根据实际进度升级计划,提出下周工作目标和重点。根据项目的性质,例会一般需要考虑以下几个方面:首先是例会的频率,会议间隔过长,项目运行得不到有效的控制;过频,则过多占用项目时间,使会议效率降低。其次是人员的分布情况和时差。最后是人员的风俗习惯和表达方法。对于多民族和不同国家成员的项目组,会议的交流方式还要考虑人员的风俗习惯,以化解不同地区的文化差异,使信息正确传递。

(3)项目范围规划

海洋模块类产品在完成后,都要到海上与其他类似产品对接。同时,它们外形大多类似,但具体功能和要求却各不相同,因此在工作之初必须明确公司所承担的工作的界面,以及业主对项目功能的具体要求,以避免丢项或产生不必要的浪费。

范围定义就是依据项目合同和业主要求,对项目产品进行具体、详尽的描述和明确工作界面的过程。这一部分工作其实在可行性分析阶段就已经开始了,但是由于科研前期业主方提供的信息不够充分,所以范围的定义也比较笼统。这一阶段的工作除了要进一步明确工作范围外,还要对项目产品进行具体、详尽的描述。海工项目范围是指列出安装建造的具体内容。

海工项目产品往往规模庞大,对于人力来说难以轻易实现。项目工作分解,就是将庞大的项目目标和抽象的质量要求分解为一系列具体的、简单易行的工作(称为工作包)。当所有工作包都被完成时,项目成果也就自然实现了。

WBS 是一种表示项目工作范围和内容的树形结构图,属于一种文件类的沟通工具。它和进度计划同为项目的"基线",成为执行项目工作的基础。

①工作分解结构的特点

a. 自上而下的过程。自上而下的过程类似于几何数学中的由求证反推支持条件的思维方式。在项目中就是将项目成果划分成若干子成果,再以各个子成果为目标,逐个展开分解。

b. 分层结构。工作分解结构是一个分层的树状结构,工作难度逐层递减。

c. 百分百原则。每一项工作下的所有子成果的实现,是该项成果实现的充分必要条件。范围定义的工作要在工作分解结构中完全体现,同时项目边界以外的工作必须通过正规的变更程序方可列入工作分解结构。

②海工项目的工作分解的成果

海工项目按工作性质分为两类:一是设计项目;二是建造项目。两类项目的工作成果不同,工作分解的方式也不相同。设计项目的成果是图纸和文件,这些图纸和文件可以指导下一阶段的设计或现场施工。因此设计的思路与项目规划的思路比较相似,都是自上而下的过程。海工项目的设计又分为基础设计、详细设计和加工设计三个阶段。基础设计又叫概念设计,根据业主的最终功能要求提出实现该目标的理论数据和技术方案,因此基础设计的成果最为抽象;详细设计是将基础设计提出的概念转化为实现该方案的设备、设施、布局等具体实物;加工设计是在详细设计的基础上制订出将这些设备设施安装到位的具体施工方案和方法。

(4)项目时间规划

根据项目时间有限性的特征和经济学时间资源永远短缺的假设,时间是项目的重要目标和约束。由于时间具有不可逆转的特性,项目时间是最容易失控的环节。项目的进度时间管理因此成为项目管理和规划的核心所在。1957 年,美国杜邦公司把项目管理的方法应用于设备维修。其设在路易斯维尔的化工厂,由于生产过程的要求,必须昼夜连续运行。因此,每年都不得不安排一定的时间,停下生产线进行全面检修。过去的检修时间一般为125 h。后来,他们把检修流程精细分解,竟然发现在整个检修过程中所经过的不同路线上的总时间是不一样的。缩短最长路线上工序的工期,就能够缩短整个检修的时间。他们经过反复优化,最后只用了 78 h 就完成了检修,节省时间达 47 h,当年产生效益 100 多万美元。这就是至今项目管理工作者还在应用的著名的项目时间管理技术——关键路径法(CPM)。1995 年,美国海军开始研制北极星导弹。这是一个军用项目,技术新、项目巨大,据说当时美国有二分之一的科学家都参与了这项工作。管理这样一个项目的难度可想而知。当时的项目组织者想出我们今天称作图形评审技术(PERT)的方法,为每个任务估计一个悲观的、一个乐观的和一个最可能的情况下的工期,在关键路径法技术的基础上,用"二值加权"方法进行计划编排,最后竟然只用了 4 年的时间就完成了预计 6 年完成的项目,节省时间33% 以上。项目的进度计划是利用统筹学的原理,根据项目各工作间特有的逻辑顺序和实际的外围条件,通过合理的组合和顺序编排,以期达到项目总耗时最少、总花费最低的目的。

制订进度计划是分析活动顺序、持续时间、资源需求和进度约束,以及编制项目进度计划的过程。使用进度计划编制工具来处理各种活动、持续时间和资源信息,就可以制订出一份包含所有项目工作的计划完成日期的进度计划。与编 WBS 相似,编制一套可行的项目进度计划,往往是一个反复进行的过程,目的是确定项目活动的计划开始日期和完成日期,并确定相应的里程碑。在得到批准后,项目进度计划就成为项目的时间基准,用来跟踪项目绩效。

前文所述的关键路径法和图解技术法就是最常用的两种进度计划制订方法。一份高质量的进度计划除了要体现未来一段时间内每天的工作安排,还要体现对资源的需求情况,如材料、资金、费用消耗、场地和人员,以便提醒相关人员在工作开始前将资源准备到位,使工作能按时顺利进行。

(5)项目执行阶段

在项目启动阶段,对项目风险进行识别分析,并以此为基础,在项目规划阶段制订项目各方面的计划。按照 PMI 的项目阶段分配,项目执行和监控分属于两个不同的阶段。但是在实际工作中,执行和检查几乎是同时完成的,如设计绘图员将图纸交与校核员检查之前,一定会自己先检查一遍,在自己认为没有问题的情况下才会交与他人。只要是工作,无论规模大小,执行者其实都在进行着 PDCA 循环,直到自己认为没有问题的时候才会输出与他人。所以本书将执行和监控作为一个阶段来介绍。

项目执行阶段是项目产品的产出阶段,是任何类型的项目都不能缺省的阶段。项目执行阶段以前两个阶段的工作成果为依据,组织人力、使用工具、消耗材料,按计划的步骤和时间逐一完成工作分解结构中的各项工作,直至最终实现项目成果。理想情况下,如果项目前两个阶段的工作准备足够充分,并且各类计划可行性高,项目在执行与控制阶段,只要严格按照项目风险管理计划来开展工作,就能够取得令人满意的结果。

项目执行阶段的任务主要包括以下内容。

①履行合同

履行合同包括两方面含义:一是按照公司与业主的承包合同履行义务;二是按照公司

与分包商、供货商的合同监督其完成情况。

②按计划执行项目

项目的执行阶段是项目的核心阶段,所有项目成果在这一阶段由无形变为有形。之前启动和规划阶段的所有工作都是为了使该阶段工作更顺畅而存在的。根据项目计划制订规则,项目的计划中包含了业主合同规定的各大要点,如里程碑节点,关键事件,以及对分包商、供货商还有公司内部人力、资金的要求。在这一阶段需要通过这些生产要素的组合,依次将其变为工作分解结构中的各级工作成果,并且通过这些成果的积累和组合,最终在项目预计时间内完成项目成果。

③及时沟通

在项目的进行过程中,每天都会产生大量信息。这些来自现场的信息,每一条都会影响项目的下一步进展。因此沟通是这一阶段的重要环节,以保证项目各干系人能在第一时间了解到项目的实际进展情况,进而及时调整或决策,是下一步监控阶段的基础。

④团队建设

除了上述与项目直接相关的硬性指标外,团队建设也要在这一阶段适时开展。团队成员是项目的核心生产力,其身心状态将直接影响到项目的成果和运行的质量。因此成员的身心状态也是公司和项目团队的隐性资源。员工状态低落时,其工作质量和效率必然下降,这种下降最终会导致项目成果质量的下降和返工成本的提高,所以所有对成员身心状态的负面影响都应看作项目无形的支出。团队建设的开展则是团队管理人性化的体现,有利于缓解团队成员的身心疲惫,增强团队的凝聚力,激发团队的活力。

⑤项目记录

项目的执行阶段在理论上描述最为简单,但在实际操作中是问题最多的时期,因此项目记录在这一阶段格外重要。项目记录包括各工作的实际开始时间、完成时间,发生的实际费用,每天实际的工作内容,以及各重大事件的背景记录。以此作为监控阶段分析和调整的依据,同时也是项目结束后的历史资料。

(6)项目监控阶段

从 PDCA 循环上看,项目的监控阶段属于项目信息的反馈和再规划的推动环节。任何工作都不可能一次性就做得很完善,尤其是海工项目这样多工种、多因素控制的项目,在规划阶段不可能对未来的所有方面都做出完整和正确的预测,必须要靠执行阶段的记录和监控阶段的分析,不断审核实际与目标的差距从而调整项目步伐,使项目朝着更快、更省、更优的方向进行。项目监控阶段的工作,以执行阶段的实际情况和记录为依据,结合当前情况和项目的最终目标对项目的各计划重新进行调整。其具体工作包括阶段分析、预测与计划变更和项目变更管理三部分内容。

①阶段分析

阶段分析是指项目进行中对项目当前形势和情况的总结分析,目的在于适时调整项目方案,对项目发展进行合理预测,进而调整进度计划,补充或减少人员和储备金。

在项目执行阶段,很多在规划阶段不明晰的因素被确定,因此进度计划随着项目的进展也被不断完善。这也是项目循序渐进特征的一种体现。同时,海工类项目在执行过程中受多方面的影响,实际情况都会在一定程度上与计划出现偏差。这种偏差是永远不可能被消除的,但是通过对偏差产生原因的分析,可以计划的偏差程度会随着项目的进展而减小,并且为以后的项目积累了经验。

a. 范围监控

范围监控就是按照WBS中分解出的项目工作逐项与实际核对是否按计划完成,检查是否有丢项或超出合同范围的工作。针对丢项的工作要及时制订出弥补的方案和计划;针对超出原有合同范围的工作,根据超出范围的原因进行决策。若因为业主要求而变化,要及时履行变更程序;若因为项目自身失误,要及时恢复超出范围的工作,或主动向业主提出变更,待变更批准后,再按程序修改计划。

海工项目质量检验通常与范围监控并行完成。

b. SWOT分析

进行SWOT分析时,主要有以下几个方面的内容。

分析环境因素:运用各种调查研究方法,分析出公司所处的各种环境因素,即外部环境因素和内部能力因素。外部环境因素包括机会因素和威胁因素,它们是外部环境对公司的发展直接产生影响的有利和不利因素,属于客观因素;内部环境因素包括优势因素和弱点因素,它们是公司在其发展中自身存在的积极和消极因素,属主动因素,在调查分析这些因素时,不仅要考虑到历史与现状,更要考虑到未来发展问题。

SWOT方法的优点在于考虑问题全面,是一种系统思维,而且可以把对问题的"诊断"和"开处方"紧密结合在一起,条理清楚,便于检验。

构造SWOT矩阵:将调查得出的各种因素根据轻重缓急或影响程度等排序,构造SWOT矩阵。在此过程中,将那些对公司发展有直接的、重要的、大量的、迫切的、久远的影响因素优先排列出来,而将那些间接的、次要的、少许的、不急的、短暂的影响因素排列在后面。

c. 重新识别风险

随着项目情况的变化,一些新的风险可能具备了产生的条件,同时某些规划时识别出的风险可能不再发生,因此风险识别也要随着项目的进展而不断进行。

②预测与计划变更

项目预测是指根据当前情况,结合以往的经验或者统计学的算法,对未来一段时间项目的某些方面进行估算。在海工项目上,需要预测的工作可以算作风险管理的范畴,常预测的方面有工人实际的工作效率、材料的到货时间、范围变更和技术难点等。工人的实际工作效率直接影响到项目的实际进度。对工人实际工作效率可以采用提前开始的方法进行预测。提前开始就是让实际的工作在计划开始之前一段时间就开始,利用这段时间差作为缓冲,观察工人的实际工作效率,以便在工作正式全面开始前及时调整计划,增减人力。

范围变更的预测通常是依据当前项目与以往常规项目的比较,发现其中不合理的地方。

③项目变更管理

项目变更是指在项目的执行过程中,由项目合同中的一方提出的与合同中不一致的要求。

变更管理是指项目组织为适应项目运行过程中与项目相关的各种因素的变化,保证项目目标的实现而对项目计划进行相应的部分变更或全部变更,并按变更后的要求组织项目实施的过程。由变更的定义可知,变更可以由合同任一方提出,再由双方共同协商解决。海工项目的变更通常由业主方提出,变更的内容多为范围变更。

项目的范围变更通常由业主根据最终产品的功能要求提出。不论是在项目的开始阶段还是在项目即将结束阶段,都有可能发生项目范围的变更,而项目范围的变更不仅会增加项目的工作量,同时也必然给项目的进度和费用等方面带来影响。因此,怎样控制项目的范围变更是项目管理的一个重要内容。

项目变更管理的目的是以一种对项目影响最小的方式改变现状,其本质属于项目合同的变更。关于变更请求的处理方法,首先要判断变更对项目和公司各方面的影响,考察的方面类似于项目的可行性研究阶段的工作,只接受对项目和公司有益的变更;其次要判断变更规模。如果变更规模较小,则可按以下步骤进行。

a.记录变更请求。任何变更,不论以后是否会被接受,首先都应该记录下来。有些变更请求在本阶段不被接受,但可以成为以后参考的功能或范围。

b.澄清变更细节。

c.对变更请求产生的原因进行分析。例如,在项目初期没有明确产品范围产生的项目变更,或是没有明确项目范围产生的变更,以及由外部事件产生的变更。

d.根据变更请求,由相应人员分析相应变更请求对现有项目进度的影响程度,并分析相关的变更请求之间的影响关系,在相应的变更请求中添加记录。

e.根据变更请求对现有项目进度影响程度进行分析,确认相应的成本估计。

f.为项目变更排列优先级。针对项目现有进度,进行项目变更的项目进度影响、费用及项目可接受影响程度分析,建议对变更请求采取的应对措施,记录风险和相应的风险应对计划。

g.与公司领导沟通,征得公司领导意见。

经过以上步骤的变更审核,变更内容即被体现到新的项目范围中,并且重新调试进度计划,变更内容即成为项目的一部分。

在项目的进行中,项目组也可以主动提出变更。其提出的变更多是关于时间和费用方面的,如实际要求与合同要求不符,业主临时要求范围与原范围不符,业主方的失误引起的变更等。无论变更是由哪一方提出的,变更的内容是哪方面的,都是越早提出对项目越有利。因为项目所处的阶段越早,实际完成的工作也越少,变更带来的返工成本也就越小。

(7)项目收尾

项目收尾阶段是项目的结束过程,工作包括对外和对内两部分。对外工作,又叫合同收尾,是指项目按之前的约定,完成各项工作并将最终产品、文件和图纸等交付与业主的过程。待一切交接完毕,最终关闭合同约定的所有条款。各工作的完成通常以取得业主对某些文件和报告的签字为标志。对某些报告,业主采用带意见签字的方式,表示该工作还不完善,这就需要项目组重新规划。带意见接受属于监控阶段的范畴。在收尾阶段,项目对内的工作主要是从项目工作到日常工作的回归。主要工作包括以下五项。

①文件归档。项目文件是以后项目的参考依据。在归档过程中,要按文件类别和内容等分类摆放,以便查找。

②设备复位。在项目中用到的某些设备工具,如吊车、铲车和脚手架要有计划地复位,

以备其他项目使用。

③人员复原。对某些项目型的组织,如某些异地执行的项目,项目人员都来自公司各部门,在项目收尾阶段应有计划地将人员复原至原单位或部门。某些为项目临时招募的人员,也应在此时逐步结束与其签订的雇用合同。

④项目评价。即从多方面对项目的成功或者失败做出正确评价。

⑤经验总结。这是项目内部收尾的关键,其意义在于公司的长期发展。经验总结包括项目组内部的总结和公司范围的总结。

1.4 本书的主要研究内容

本书详细分析了当前海洋工程和船舶行业的发展、海工项目管理模式、海工项目分解技术、进度管理计划编制技术的研究现状,以优化海工项目管理模式为目标,鉴于目前相关领域研究的不足,从信息化管理角度出发。本书主要针对以下方面内容进行研究。

(1)海工项目的管理模式。

(2)海工项目分解技术与方法、进度管理计划编制技术与方法。

(3)基于改进蚁群算法的海工项目进度管理优化算法和基于 UML 的海工项目进度管理计划需求分析。

(4)海工项目信息化其他模块的关键技术和方法研究。

(5)应用实例:海工项目原型系统的设计与开发。

第 2 章　海工项目管理模式研究

2.1　反承包管理模式

2.1.1　反承包管理模式基本要素和类型

反承包,就是将发包出去的工作再承包部分回来自己完成。业主为了满足特定的商业利益,节省投资费用,或者是最大限度地利用自有资源,但是又没有能力承担项目的主体部分,对工程整体风险无法把握,为了规避风险,需要将技术风险转移给承包商,通过双方的相互信任、相互尊重和资源共享,促进参与双方交流合作,解决纠纷,激励双方致力于优化设计和施工方法,以达到提高工程价值、降低成本、缩短工期和增加相互利润的目的。它突破了传统的组织界限,业主与承包商结成合作关系,在充分理解彼此需求的基础上,确定共同的项目目标,在相互信任的基础上直接监督、管理项目工作,实现双赢,通过有效沟通最大限度地避免争议或问题的发生,是一种更人性化的管理模式。综上,可以总结出反承包的要素有信任、共同目标、承诺、沟通、双赢。

反承包管理模式是在双方签订合同前,通过反承包协议构建的一种柔性化的项目管理机制。基于反承包管理模式的项目管理机制问题,重点应研究以反承包协议为基础,以反承包管理为手段,以目标实现机制为核心的若干关键机制的组成和框架,如图 2-1 所示。

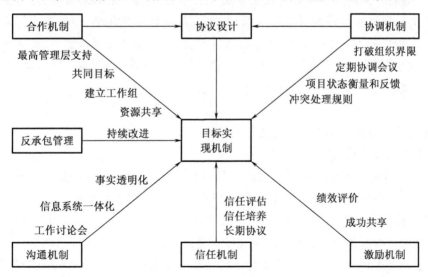

图 2-1　反承包机制框架

反承包模式的基本思路是在相互信任的基础上,把传统模式的敌对、利益互争关系变成合作、利益双赢关系。而实现将以前的敌对关系变成合作关系的前提是工程参与双方之间建立一个共同的目标。只有这个共同的目标实现了,他们各自的利益才能最大限度地得以实现。而实现这个共同的目标必然要求他们进行合作。

反承包要求在参与双方之间建立一个合作性的管理小组,这个小组着眼于双方的共同目标和利益,并通过实施一定的程序来确保目标的实现。因此,反承包管理模式突破了传统的组织界限,业主与承包商成为伙伴关系,在充分理解彼此利益的基础上,确定共同的项目目标,建立起以不同工作组为单元的组织机构,在相互信任的氛围中直接监督、管理项目工作,实现双赢局面,并通过有效沟通最大限度地避免争议或问题的发生。工作组的工作内容并非直接干预合作方自主的生产管理,而是不断对工程成绩进行评价,解决工程中出现的问题,并对风险进行严格控制,从而实现双方利益的最大化。

综上所述,反承包模式概念的基本要素就是建立共同目标,履行承诺,共同解决问题,避免争议、诉讼,培育合作、信任和健康的工作关系,使项目的实现取得超常规的效益,并使参与双方的利益都得以实现。

1. 基本要素

反承包模式的基本思想是变业主和承包商之间的敌对关系为合作关系,由单纯追求项目任一方的目标转变为追求双方共同的目标。它与其他项目管理方法的不同之处在于反承包不是从敌对的角度去观察和解决问题,而是强调理解、合作和信任。

反承包模式较为重要的三个因素为沟通、理解和互信。这些因素互相影响,缺少其中任何一个都无法使反承包模式良好运作。除了沟通、理解和互信因素外,反承包模式成功运行还必须有个前提条件——承诺与共享。

反承包的承诺必须由双方的高层管理者做出,只有如此才能保证工作顺利进行,承诺形式表现为制定一个反承包协议。反承包协议是非合同性质的,是一种界定反包部分工作的方法,也是履行合同期间如何处理反包部分工作双方之间关系的对策,由此可见它决定了参与双方对待项目和合作方的态度。所谓共享,首先是资源共享,参与双方只有共享信息资源,才能发挥资源的最大效益。因此,双方要公正、诚实并及时沟通,如此才能保证对方及时获得工程投资、进度、质量等方面的信息。除资源共享外,双方还必须共担风险,共同解决矛盾,共享成果,最终满足各自的目标和利益。

2. 类型

反承包模式可以分为单项的和连续性的两种。

(1)单项的反承包模式

顾名思义是指在单独的一项特定建设项目中采用反承包模式,从而使双方形成反承包工作关系。基于特定项目的反承包模式要从战术层出发确定项目范围,它强调在业主、承包商间建立合作互信和双赢的关系,不仅要求满足基本的项目"铁三角"约束,还要通过价值工程、优良的后续服务等提高业主的满意度。基于项目的反承包模式适用于一般的大型项目,但由于此类工程缺乏一定的持续周期且比较注重费用,因此模式形成的双方具有一定的时限性。

(2)长期的反承包模式

从公司战略层出发确定项目范围,可以影响公司的长期目标。模式实施既要考虑特定项目的生命周期,也要考虑参与企业的自身发展。从参与企业的生命周期出发建立长期性的合作关系是为了使双方获得利益,除了要提高业主的满意度,还要使承包商通过学习提高其在行业中的整体竞争力。

长期的反承包与企业的战略发展紧密相关,比较适用于大型、超大型工程项目或有连续项目需求的情况。相对来说,大型或超大型项目业主重视项目的社会效益大于经济效益,参与企业除了可以通过长期联盟不断提升效能以获得更多的经济利益外,还可以获取更高的声誉。此外,较长的建设和运营维护周期也为参与企业形成长期合作关系提供了必要时间。

以上两种类型都是以联盟的形式进行项目管理和运作的,联盟的管理理念是通过建立共同的远景目标使原本有利益冲突的企业协调合作,并且能够促使参与企业通过不断改进提升竞争能力。无论它分为几种类型,反承包都是一种战略联盟,联盟的战略思想当然是共同目标的实现。

2.1.2 反承包模式的组织结构和工作流程

1.组织结构

组织结构是一切协调活动的前提和基础,反承包模式的组织结构与其他模式不同,它的成员不是由业主或承包商的人员单独组成的,而是由业主和承包商双方人员共同组成的。反承包管理小组打破了传统的组织界限。

高级管理层是指双方的最高领导决策层。领导决策层从双方选出高级管理人员组成反承包管理小组作为反承包组织的代表,负责订立组织的共同目标,进行整个反承包的组织设计,并对项目的投资、进度、质量目标进行复核论证等工作。

反承包模式在组织上的特点之一就是有一个反承包主持人。反承包主持人是由参与双方按周期轮流担任,负责整个反承包模式建立和实施的人员。其主要任务是组织参与各方讨论制定反承包协议并付诸实施。在项目进展过程中,主持人只是通过召开反承包会议对参与各方起协调作用,并不具有指令性的权力。

如果经济允许,可以雇佣一个中立的第三方,也可在当地大学或专业组织中聘请一位互相都能接受的第三方的自愿组织者。在项目实施过程中发生了项目参与双方不能协调解决的争议时,可以由中立第三方来参与解决这一争议,重点讨论原则性协议,并寻找涉及双方利益问题的解答。

项目管理层是负责项目具体实施并反馈工作情况的管理层,它由不同工程性质、不同管理层次的工作组构成。工作组则由合作方相关的负责人员组成,负责项目的具体操作与实施。

2.工作流程

反承包模式负责主要工作流程的具体操作事项,仍要根据项目周期和项目差异性决定:

①业主选择参与反承包模式的承包商;

②在澄清谈判阶段,成立反承包管理小组;

③确定共同目标,签订反承包协议;

④签订合同,将反承包协议作为合同的附件;

⑤按不同的工作内容,设置项目工作组并制订量化的目标;

⑥建立项目争议处理系统、项目评价系统,也可建立项目激励机制;

⑦建立项目的资料与数据库系统,并完全共享;

⑧反承包模式的具体实施;

⑨对各工作组人员进行定期评价,制订培训计划,以确保具有适当素质的人员担任适当的位置;

⑩项目完成,进行反承包模式评价总结。

2.1.3 反承包模式的主要运作内容

反承包模式由三个方面组成:签署反承包协议——确定参与双方的共同目标;建立反承包模式的问题争议处理系统——以快速、合作的方法解决争议问题;建立反承包模式的评价系统——在工作或管理等方面不断寻求进步。反承包模式的主要内容如图 2-2 所示。

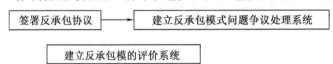

图 2-2 反承包模式的主要内容

1. 反承包协议

反承包模式以双方签订的反承包协议为约束,是反承包合作组的行动准则,通常按照反承包构建的轨迹来撰写,详略则根据双方的需要而定,一般包括:合作原则,范围设定,工作目标,项目目的和任务,各工作组的职责,项目潜在风险的预测和分析,风险的适当分配,制定问题争议处理系统和项目评价系统。当然,还包括其他内容,如有关反承包工作会议的规定、建立奖励系统、终止协议的突破点。有人认为签订反承包协议就意味着放弃采用合同,其实,反承包协议并不能替代合同,它只是一个行动准则,或者说是双方合作的承诺书。协议在项目中途取消并不影响合同的继续进行,但同一项目中,合同和协议在内容上不应该互相冲突。

2. 建立反承包模式的问题争议处理系统

问题争议处理系统可以快速、得当地解决项目实施中出现的问题及合同纠纷,为项目的运行提供良好的合作环境。此系统主要是制定问题争议的处理权限层次和各权限层次解决问题的时间与责任。其基本原理是规定问题解决的层次,每一个层次都设定了解决问题的时限。当问题在限定时间内未被解决时,移交上一级管理层处理,一旦在任一层达成协议,问题就算得到解决。在这里建立解决问题的层次为:第 1 层次,提供操作层上处理问题的架构;第 2 层次,问题已经升级为争端,需要更高一级的管理层处理;第 3 层次,最严重的争端已演变成冲突,需要高级管理层处理。一般来说,问题首先在来源的那个层次进行处理,这样才能更充分地发现全部相关信息并较好地理解它们。此系统最大的特点是能有效避免问题被长期搁置和导致伙伴间关系的恶化,并能被许多组织采用,为他们提供一种反馈、解决问题的系列方法。它为反承包组织中的个人按法律忠实执行合同提供了正式的认知。

3. 反承包模式的项目评价系统

这是衡量反承包整体水平,评定反承包模式成功与否,找出不足并制定有效改进措施,从而不断提高合作方运营水平的关键手段。

对反承包模式的评价可分为管理系统评价和项目业绩评价。对管理系统的评价包括计划执行的满意情况、工作关系维持情况、成本开支情况和商业运作情况等方面,而业绩评价则包括对成本的控制程度、完成产品质量的鉴定与统计、工作效率与工期目标的实现、决策的高效和协调性、争议处理的有效性,以及完成的项目达到的价值和效益等方面。评价的方法主要有主观测量法和客观测量法两种。此外,求助于典范借鉴网络组织、与成功企业的最佳作业法进行比较、定位自己的优缺点也是常用的评价方法之一。

2.1.4　反承包模式的优点

首先,反承包模式能够优化总目标。反承包模式的基本思路是在相互信任的基础上,把传统模式的敌对、利益互争关系变成合作、利益双赢关系。而实现将以前的敌对关系变成合作关系的前提是工程参与双方之间建立了一个共同的目标。只有这个共同的目标实现了,他们各自的利益才能最大限度地得以实现,而实现这个共同的目标必然要求他们进行合作,为一个共同的目标努力。

其次,反承包模式能够建立联盟关系、减少重复资源的消耗、缩短施工周期、降低成本、提高各方利润,最终达成双赢。反承包模式中,船东与承包商为了商业利益会紧密联系交流,信息与资源共享,激励双方致力于优化设计和施工方法,减少资源的重复消耗,以达到提高工程价值、降低成本、缩短工期和增加双方利润的目的。

再次,反承包模式中充分的沟通能够提出解决问题的良好建议,实现信息的共享,从而提高工作效率。反承包模式以相互信任、相互尊重为基础,为了共同的商业利益,进行信息的互换、交流和共享。在遇到问题时,船东和承包商会因为共同的利益集思广益,能够提出解决问题的好方法,也不会因为信息不对称而引发逆向选择和道德风险等,从而提高工作效率。通过双方的相互信任、相互尊重和资源共享,可以促进参与双方的交流合作、解决纠纷,激励双方致力于优化设计和施工方法,以达到提高工程价值、降低成本、缩短工期和增加相互利润的目的。

最后,能够减少争端解决的时间,降低诉讼的概率。船东和承包商不会因为各自的利益而产生矛盾,它突破了传统的组织界限,业主与承包商结成合作关系,在充分理解彼此利益的基础上,确定共同的项目目标,在相互信任的基础上直接监督、管理项目工作,实现双赢,并通过有效沟通最大限度地避免争议或问题的发生,是一种更人性化的管理模式。

2.1.5　反承包模式的缺点

首先,反承包模式必须建立在相互信任的基础上,但是我国传统模式所获得的成功经验是建立在对立基础上的,所以短时间内很难建立起相互信任的关系。反承包模式是一种创新的建造模式,使用时间较短,没有经验,而且传统模式中船东与承包商是处于对立方向的,所以在短时间内要这两方变成合作关系是有困难的。

其次,反承包模式需要打破一些传统的工作习惯,要求成员多交流,而打破旧的企业文化不能一蹴而就。反承包模式需要船东和承包商双方员工经常进行接洽交流,这就要求双方员工尽量熟悉对方的企业文化,这样交流才能顺利进行,然而这也不是短时间就能够完成的。

再次,反承包模式中参与双方容易产生依赖和相互推诿心理。如果权责不分,很容易导致责任划分混乱,工作效率反而更低。反承包模式中,船东与承包商会共享商业利益,但在遇到亏损需要承担责任时,双方就会相互推诿,只想分享利益,而不想承担责任;在遇到困难时,也会产生让对方去解决的依赖心理,这就会导致权责混乱,从而导致工作效率低下。

还有,合作初期工作任务重,是一种高投入的模式,因此会导致成本的攀升,使得一部分人止步。在反承包模式初期,船东和承包商要进行信息共享,如双方开会商量等,从而会产生各种费用,使成本上升。

最后,反承包协议不具有法律效益。反承包模式中,船东与承包商签订的是反承包协议,这与传统模式的合同是不一样的,不具有法律效应。

反承包模式的优缺点对照如表 2 - 1 所示。

表 2 - 1　反承包模式优缺点对照表

涉及方面	优点	缺点
小组目标的设计	能够优化总目标	缺乏合作小组目标的设计,导致总目标不能按预期实现
资源利用	联盟关系的建立,减少了重复资源的消耗	参与双方消耗各自资源,其中的重复消耗无法避免
沟通	充分的沟通能够提出解决问题的良好建议,实现信息的共享,从而提高工作效率	没有良好的沟通,信息流通阻塞,信息无法共享,各持己见,最易导致争端的形成
争端的解决	减少争端解决的时间,提高工作效率,降低诉讼的概率	拖延争端解决的时间,诉讼增多,不利于达成共识
利益	缩短施工周期,提高工程质量,降低成本,提高各方利润,达成双赢	工期加长,成本升高,一方的利益以牺牲他方的利益为基础,不能达成双赢

2.1.6　案例

【4 000 t 起重机购建项目管理模式设计】

1. 项目背景

中国海洋石油工程股份有限公司(以下简称海油工程公司)与其母公司中国海洋石油总公司共同组织,以海洋工程公司名义成立了深水铺管船项目组(以下简称深水船项目组),以建造一台动力定位的双层甲板铺管起重船,其中在船上设有 1 台 4 000 t 海洋工程起重机,起重机的供货商为荷兰的 Gusto 公司。出于以后战略发展的需要及加快深水铺管船整体工期的需要,海油工程公司决定以反承包的形式自己承揽 4 000 t 主起重机的建造工作,但是海油工程公司还不具备建造起重机的条件和资格,不能单独建造起重机,所以需要供货商 Gusto 公司作为总承包单位,海油工程公司以反承包的形式一起建造。其目的是为加快深水铺管起重船项目的实施进程,保证重要系统的作业性能,降低船舶建造成本,培养船舶建造、起重机建造方面的管理和技术人才。公司决定由海油工程公司自己的下级建造公司在深水铺管起重船项目中承担部分建造工作,对船上的 4 000 t 起重机及 6 台绞车进行加工设计及建造安装调试,并参与船上其他设备的调试工作,按自建项目运作,以下简称起重机项目组。

在合同关系上,Gusto 公司作为起重机的供货商与海油工程签订了供货合同,而海油工程公司又作为 Gusto 公司的承包商,由下属建造公司承担起重机的建造、安装和调试工作。建造公司在海油工程公司与 Gusto 公司的合同中作为制造商承担自己的责任,但是建造公司没有法人地位,与 Gusto 公司也没有合同关系的约束,同时深水船项目组要求 Gusto 公司必须承担总体责任。

由于 4 000 t 起重机技术评标和采办合同模板的复杂性,历经 5 个多月的澄清和谈判,深水船项目组想让 Gusto 公司作为起重机的总承包商,承担总体责任,而 Gusto 公司因为与建造公司没有合同约束,所以不愿承担建造公司这部分工作的责任,坚持让建造公司作为深水船项目组的承包商,这样建造公司对起重机质量的完整性失去控制,而且深水船项目组是以海油工程公司的名义与 Gusto 公司签订合同,但是建造公司不是独立法人,所以建造公司不能作为海油工程自己的承包商。

最终,经过艰难的谈判,在主合同中,深水船项目组、荷兰 Gusto 公司和海油工程公司分别作为采办方代表、供货方和建造方,在合同中对供货方和建造方的工作范围、责任和变更进行了明确的规定,Gusto 公司承担总的责任,建造公司承担自己工作范围内的责任。三方虽然最终达成了一致,但是建造公司运作这个项目仍然存在以下难点。

(1)建造公司与 Gusto 公司没有起重机建造方面的合同,与 Gusto 公司在起重机的建造方面没有合同约束,对 Gusto 公司工作范围内的任务没有约束。

(2)海油工程公司对建造公司这部分工作没有在海工层面再成立项目组。因为考虑到深水船项目组是以海油工程公司的名义成立的,因此对于起重机这部分工作不能再成立单独的项目组,而且深水船项目组是海油工程公司与其母公司中海油共同成立的,因此与建造公司不存在职权的归属关系,且出于深水船项目组自身利益的考虑,不愿意就起重机再承担额外的责任,所以建造公司在起重机这部分工作中不适合纳入深水船项目组作为一个项目进行管理。

(3)建造公司是海油工程的二级单位,在调配其他二级单位方面有难度。因为起重机建造海油工程公司不能成立单独的项目组,所以也不能在海油工程公司层面上任命项目经理,只能是由建造公司自行任命项目经理,组建项目组。但是建造公司只是海油工程的二级公司,这个起重机建造工作将牵涉多个二级公司的合作,建造公司任命的项目经理是没有权利调配其他二级公司的。

(4)建造公司自行任命的项目经理没有实权。建造公司的项目组是基于海油工程公司成立的,在建造公司内部成立一个专门的机构负责协调该项目给建造公司下达施工责任书上的工作任务,所以建造公司的项目组事实上只有三个人,即一个项目经理、一个计划工程师和一个项目秘书。项目经理是没有实际权力的角色,因为他没有权力确定各车间负责人,而且对于该项目的成员没有约束力,所以关于起重机的工作,由建造公司自行任命的项目经理将没有实际权力对项目进行控制。因此起重机的建造项目在这种特殊的情况下,要想顺利进行工作,就必须对现有的项目管理模式进行修正,设计一种新型的项目管理模式来适应这种特殊的项目。针对这种特殊的项目形式及项目上的复杂关系,采取常规的工程项目管理模式难以适应项目的执行,因此根据本项目的具体特点,决定采取反承包项目管理模式。

2. 成立反承包管理小组

(1)反承包领导小组

经过前期深水船项目组和公司的协商,决定由双方公司高级管理层,即双方的最高领导决策层各选出一名高级管理人员,再由双方的项目经理共同组成反承包管理小组,作为反承包组织的代表,负责订立组织的共同目标,进行整个反承包的组织设计,并对项目的投资、进度、质量目标进行复核论证等工作(图2-3)。

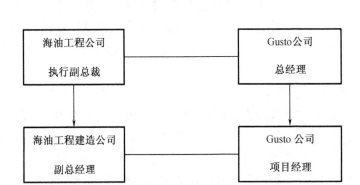

图2-3 4 000 t 起重机项目领导小组组织机构

4 000 t 起重机项目领导小组职责如下:

①全面负责4 000 t 起重机由建造公司承担的部分工作的组织领导,制订该项工作的总体工作思路;

②负责所有实施过程中的重大决策;

③听取工作组和项目组的汇报,指导工作组和项目组的工作。

(2)反承包工作小组

工作组由承担反承包这部分工作的实施方建造公司、深水船项目组、Gusto 公司的项目组共同派员参加。工作小组主持人由深水船项目组派人担任。工作小组负责整个反承包模式建立和实施的人员,其主要任务是组织参与各方讨论制定反承包协议并付诸实施。在项目进展过程中,主持人只是通过召开反承包会议对参与各方起协调作用,并不具有指令性的权力。在项目实施过程中发生了项目参与双方自己不能协调解决的争议时,可以由主持人来参与解决这一争议,重点讨论原则性问题,以及寻找涉及双方利益问题的解答。工作小组的组织机构如图2-4所示。

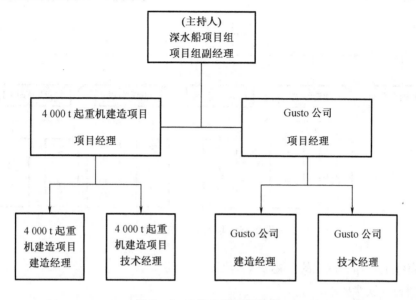

图2-4 工作小组组织机构

4 000 t起重机项目工作小组职责如下：

①负责协调双方公司内部的各种资源，为双方项目组提供支持；

②具体指导项目组的各项工作；

③协调并解决建造过程中出现的主要问题；

④制定项目组的工作职责和考核标准；

⑤协调项目组与船舶建造商之间的工作关系。

（3）组建项目组

由海油工程公司成立起重机建造项目组，并推荐副总经理××担任项目经理。项目组由公司内部选拔、外部招聘的合格人员组成，具体人员由项目经理确定。

项目组职责如下：

①全面负责各项工作的组织协调，随时向领导小组和工作小组汇报工作；

②负责与相关方的工作界面划分、工作量的确认；

③负责与设备、系统供应商的工作界面划分，完成相关工作；

④针对所负责的工作范围，调动相关资源并完成建造工作；

⑤完成海工公司反承包这部分建造工作的商务、施工、人员培养等各项工作内容；

⑥项目组应对参与建造和安装调试人员的培养目标提出具体要求。

项目组组织机构如图2-5所示。

（4）反承包协议

①使命。

反承包协议的使命是用及时、安全且能提高资金效用的方式提供高质量的产品。

②安全。

反承包协议的安全目标是项目各方实现项目无事故。为实现这一目标，承包商每周召

开安全会议,并规定采取以下行动:

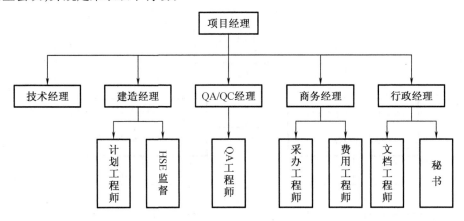

图2-5 项目组组织机构

a. 包商派员参加制造方的上述安全会议;

b. 强制遵守安全要求;

c. 使现场工人清楚安全要求;

d. 承包商和制造方进行周期性检查;

e. 维持一个清洁、安全的施工场地;

f. 确保人员在安全设施安装方面经过培训且具备相应的资格;

g. 实现应急演习时应通知公众;

h. 完善并使用工地现场"安全操作规程"。

③质量。

反承包协议的质量目标是项目各方应实现完成一个达到设计寿命和使用功能的符合质量要求的项目。为实现这一目标规定采取如下行动:

a. 在功能标准方面达到各方认同;

b. 承包商对制造商场地及时检查;

c. 对存在的问题及早发现并沟通;

d. 使用技术熟练的工人;

e. 提供合格的材料;

f. 承包商及时向制造商交代计划修改内容和新的要求。

④及时。

反承包协议的及时目标是项目各方按计划规定的竣工时间准时或提前完成项目。为实现这一目标规定采取以下行动:

a. 快速处理完成所有文字工作;

b. 制造方现场人员配备合适;

c. 以双周计划对项目各进度里程碑进行跟踪调整;

d. 现场人员及时交流通报每日的变化情况。

⑤变更管理。

反承包协议的变更管理目标是项目各方改善变更程序和管理。为实现这一目标规定采取以下行动：

　　a.尽可能在变更中使用经过协商的价格；

　　b.尽可能早地预测可能发生的变更并进行讨论；

　　c.承包商检审制造方对变更的预算；

　　d.对签发还是不签发变更单应反应迅速；

　　e.每日应对用于实施额外工作的时间和材料的数量进行协调；

　　f.承包商对提交的变更单应提供详细的费用分解。

　　⑥索赔管理。

　　反承包协议的索赔管理目标是项目各方在索赔发生或者项目结束时解决各项索赔，不将问题诉诸诉讼。为实现这一目标规定采取以下行动：

　　a.各方信息相互完全公开；

　　b.遇到基层无法解决的问题应当上报解决，以避免工作中止，使项目人员专注于工作；

　　c.尽早努力缓解争议；

　　d.对潜在的索赔应及时进行口头或书面通知。

2.2　并行总装建造模式

2.2.1　并行总装建造模式的背景及含义

1. 海工装备批量并行总装建造背景

　　海洋工程是高端的装备产业，海工装备是比船舶投入高、产值高、效益高的复杂产品，对国家的经济带动作用和对各行各业的影响也更大。由于其技术要求高、管理要求精、制造难度大，长期以来被国外海洋工程装备制造强国所垄断。目前中国海洋油气资源开发能力特别是深海开发能力薄弱，无法自主开发中国领海内的深海油气资源。国家南海战略的提出及与东南亚国家的南海争端，更加要求国内单位能够迅速具备深海油气资源开发的批量建造能力，建造出足够数量的深海油气资源开发装备，以应对国家深海油气资源开发的迫切需求。因此，有必要研究并建立海洋工程的全新制造模式，大幅提高生产能力，做好批量承接海工订单的准备。希望通过国家政策引导、技术引进和研发，提升企业在高端海工领域的综合竞争力，打破国内海工行业单位的设计和建造瓶颈。

2. 并行总装建造模式的含义

　　海工并行总装建造模式是以系统工程先进制造理念为指导，以项目总包为牵引，以系统集成为主线，以模块化制造为核心，以项目管理和信息技术为手段，按结构、功能、模块进行工程分解，组织专业化的并行设计和生产，使结构制造、模块安装、系统集成、联调海试等作业有序可控，实现海工装备的健康、安全、环保、优质、高效的总装建造。

　　（1）海洋平台总装建造模式内涵

　　①构建海洋平台总装建造模式构思。

　　首先分析国内外半潜式钻井平台、自升式钻井平台和FPSO建造特点；然后运用并行工程理念，根据海洋平台建造项目总包、产品高性能、高质量和高可靠性等特点，在对比分析国内外海洋平台建造方式的基础上,将并行工程理念、模块化建造思想、陆上模块调试技术(调试前移)、三维设计自动更新软件开发等应用在 GM 4000 半潜式钻井平台、Super M2 自升式钻井平台、Sevan 650 圆筒型半潜式平台的建造实践中,取得了较好的效果,最后将经验总结提炼,最终形成了海洋平台总装建造模式内涵。

②典型海洋平台总装建造模式内涵。

以模块化设计建造为导向,按总段和功能模块进行工程分解和组织生产,使结构制造、舾装、涂装、模块(预)调试等作业并行、有序、可控;以项目管理为手段,采用过程控制,全面应用信息化技术,使设计(包括修改)、采购、纳期、生产等各环节高度集成,最终实现健康、安全、环保、高效的总装建造。

③模式应用的相关说明。

适用范围:该模式主要适用于半潜式钻井平台、自升式平台、浮式生产储油卸油装置(FPSO)等典型海工装备,对其他技术复杂度和难度相对较低的海工装备的建造,同样具有参考价值和指导意义。

应用前提:以项目总承包为前提,以总装建造为主线,以项目管理为手段。

(2)目标模式的基础理论

并行工程(Concurrent Engineering, CE)也称同步工程(Simultaneous Engineering)或生命周期工程(Lifecycle Engineering),根据美国防御分析研究所的定义,"并行工程是集成、并行的设计产品及相关过程(包括制造过程和支持过程)的系统方法",并行工程强调产品设计与工艺过程设计、生产技术准备、采购、生产等活动并交叉进行。交叉的方式可以是按部件并行交叉(即将一个产品分成若干个部件,使各部件能并行交叉进行设计开发),也可以是针对单个部件的工艺过程设计、生产技术准备、采购、生产等各种活动的并行交叉,企业对每一个产品都有一个竞争目标的合理定位,并行工程应该围绕这个目标来进行产品的开发活动。由于追求的是整体优化和全局目标,而非每个部门的工作最优,所以对工作的评价也是根据整体优化结果来评价的。

(3)目标模式的基本特征

海洋工程装备具有高风险、高技术、高投入、高附加值等特点,海洋平台总装建造模式应具备以下基本特征。

①模块化设计建造。海洋平台系统复杂,随着技术的进步,逐步将独立功能从系统中分离,形成若干大小模块,实现模块的组装、移运、总装和调试。

②并行交叉建造。在整个建造过程中围绕总段和模块,使各建造阶段的结构制造、舾装、涂装、模块(预)调试等作业并行,生产设计、采购、纳期、生产等各环节并行交叉。

③项目管理。采用项目经理制,项目经理负责计划、生产,对各生产环节进行全过程控制,保证项目进度、质量、安全,以及建造目标的实现。

④过程控制。过程控制包括过程文件、计划控制、质量控制、HSE(健康、安全、环境)控制、风险控制等方面。

⑤全面应用信息化技术。信息技术与制造技术高度融合,建立完整的 PDM/EPR/工时/物量基础数据库,通过 CIMS 软件、设计自动更新软件等,实现边设计、边修改、边建造的要求和目标。

（4）目标模式的基本标志

①生产设计。详细设计与生产设计交叉融合，详细设计为生产设计三维建模提供依据，三维生产设计为详细设计提供验证，减少设计差错。生产设计按区域/托盘设计，按区域/阶段/类型出图，图面工艺/物量基础信息完整，按系统生成调试文件。

②总装建造。充分利用国际国内资源，合理确定总装深度，实现主体/模块并行建造，壳、舾、涂协调有序，建造过程均衡、可控、高效，逐步达到总段巨型化、模块集成化、建造总装化。

③工程管理。实行项目制管理，实现设计、生产、进度、物资、质量、安全、成本及沟通协调等集成管理和控制，具有拉动式工程计划管理体系、完整的工时/物量统计分析系统、成本控制系统和质量安全管理体系等。

④作业流程。总装作业主流程、工序流程清晰顺畅，无迂回，实现各总段/模块制造、安装、调试，以及总装（可利用平地、船坞）搭载合龙一体化。

⑤生产组织体制。机构设置扁平化、精简高效，充分体现岗位复合技能，能适应总装建造和一体化综合管理。

⑥信息集成化。有完整的 PDM/EPR/工时/物量基础数据库，CIMS 信息集成系统能有效运转。

2.2.2 海洋工程并行总装建造模式技术流程

与国际上的海工发达国家相比，国内对于海洋油气资源开发装备，特别是深水油气资源开发装备的设计和建造还处于起步阶段，关于总装建造的流程和方法，限于各自的场地和设施条件，国内各海工建造单位也是各具特色。结合烟台中集来福士在总装建造模式上的一系列特点，本书提出了一套全新的建造工艺流程，即"陆地建造—2 万吨驳船下水—2 万吨吊车大合龙—漂浮下水—深水码头舾装"的并行建造模式。这种建造模式已经广泛应用于中集来福士的项目建造，而且收到良好的效果，为批量交付平台奠定了坚实的基础。到目前为止，国内还没有其他单位在海洋工程的建造方面提出同类或相近的建造模式。

2.2.3 并行总装建造模式的优点

1. 建造周期缩短，工时降低，预舾装效率提高

我国典型海工装备并行总装建造目标模式具有重要的现实意义。在烟台中集来福士、中远船务、上海外高桥，建造 GM 4000、SEVAN 650、海洋石油 981 等半潜式钻井平台过程中，采用其基本原则，初步形成各自总装建造技术体系，优化了各自总装建造作业流程，使企业建造周期、建造工时大幅降低，预舾装效率明显提升。具体情况如表 2-2 所示。

表 2-2　典型海工装备并行总装建造过程优化情况

类型	周期	工时	管舾率	铁舾率
半潜式钻井平台	缩短超过20%	最好降10%	最好89%	最好93%
自升式钻井平台	缩短20%	最好降18%	最好95%	最好90%

2. 通过优化建造作业主流程，预舾装率明显提高

典型海工装备并行总装建造模式、组织生产的基本原则、作业任务的分解原则和分解后的组合方式，已在参研单位得到了较好的应用验证效果。中远船务应用于 SEVAN 650 平台的建造，建造周期由原 36 个月缩短至 27 个月。Super M2 自升式钻井平台应用模块化建造的思想，使得预舾装率由分段建造的 70% 提高到 90% 左右，大大缩短了建造周期。中远船务 SEVAN 650 建造周期缩短约 25%。

中远船务为了适应公司的建造资源，同时满足建造工期，经过深入研究，层层分解，提出了 SEVAN 650 平台主体采用分段制作、模块化建造的方法，对其他功能模块全部采用模块化建造技术；同时，由于海上安装推进器对环境、海水深度及能见度要求较高，而海上环境具有变化大、控制难等特点，专门制订了推进器海上安装作业程序。在设计与建造管理上，引入项目组管理模式，权责分明、管理高效，中远船务应用"以模块化为导向"的原则，将 SEVAN 650 平台建造周期由 36 个月缩短至 27 个月，填补了国内在这一类型平台建造技术上的空白。使公司在圆筒型海洋钻井平台的建造领域处于世界领先地位。

3. 提高生产效率，降低成本

并行总装建造模式有利于充分利用厂地、设备、人力，可以有效节省时间，提高造船企业的市场竞争力。在这种模式下，设计者对整个工程进行分割。与传统的建造模式不同，并行总装建造模式不是按照船体顺序分部有序地完成，而是按照分割的情况同时进行建造，这样就能够大大缩短建造周期，提高生产效率，从而提高竞争力。同时，在人工方面，因为工时的减少，薪水也会相应减少，从而降低成本。分片组装，分段建造，大模块建造，整体吊装合龙。这样就不会占用设备、人工的使用期限。相同时间内，并行建造模式能够比传统模式建造出更多的产品。

2.2.4 并行总装建造模式的缺点

设计者要对整个工程认真分析，并彻底理解制造和配装过程，但不能准确预测出外界环境的变化，从而会影响工程的进度。采用并行建造模式时，在建造之前，设计者要对整个工程进行分割处理，但是设计者只是按照设计方案进行分割，并不能预测出外界环境的变化，如其中某一部分工人或场地出现了问题，同样会影响施工进度和质量。

对设计者的要求很高，设计者需要在项目开始时就能全面掌握项目流程。要想使并行模式顺利进行，前提就是将整个工程分割好，这就对设计者提出了更高的要求，要求其必须掌握项目的所有流程、要点及条件，这样才能使项目顺利进行。

2.2.5 并行总装建造模式所需的技术

并行总装建造模式需要重点突破的关键共性技术较多且较复杂，具体如下。

1. 精度控制技术

精度控制是一项复杂的系统工程，它贯穿于海工产品制造的整个建造过程，并且每个阶段相互牵连、相互影响。海工装备结构制造精度是控制的重点，通过科学的控制方法与先进的工艺技术手段，对主体结构建造进行全过程的尺寸精度分析与控制，以最大限度地减少现场修整的工作量，保证产品的质量。

2.质量控制技术

质量控制是一个典型的计划、执行、检查、处理再循环的过程,通过运用全面质量管理实施程序,不断积累经验,给船东提供最符合设计要求的产品。为提高管理水平、保证产品质量,根据海工装备的全生命周期,我们将质量控制分为设计、建造和验收三个阶段。

3.数字化设计技术

海工装备数字化设计技术就是以海工装备建造过程的知识融合为基础,以数字化建模仿真与优化为特征,将信息技术全面应用于产品开发、设计、制造、管理、经营和决策的全过程,最终达到快速设计、快速建造、快速检测、快速响应和快速重组的目的。因而,要实现数字化造船,必须实现设计数字化、生产过程数字化、管理数字化和企业数字化。

4.项目管理技术

海工项目管理技术主要是针对海工个性化生产的特性,即使是同类型、同海域的海工装备,不同船东的要求也可能不同,因此,为了保证生产工作的顺利实施,并对结果进行评估,海工建造企业须依据生产要素,建立一个合理的组织架构和运行机制,明确相关部门的职责和要求,以保证管理组织结构的科学性和体系运行的有效性,确保项目管理的高效运作。项目管理者在有限的资源约束下,运用系统的观点、方法和理论,对项目涉及的全部工作进行有效的组织,即从项目的投资决策开始到项目结束的全过程进行计划、组织、指挥、协调、控制和评价,以实现项目的目标。其主要内容包括范围管理、时间管理、成本管理、质量管理、人力资源管理、沟通管理、采购管理、风险管理和综合管理9个领域。海洋工程装备因为其服务期限长、应用环境恶劣、中断服务影响大等特殊性,所以对质量的要求更高。另外,由于海工装备在实际应用环境中存在较大风险,如恶劣的环境、油气生产中的风险,因此在建造和营运操作中都需要强调 HSE 管理,同样的要求往往也应用到建造场地和船厂。所以船厂的质量管理和 HSE 管理体系除了满足第三方检验机构的要求外,还须满足业主的审查。在国际海工装备项目中,船厂往往以通过大型国际石油公司的认证作为检验标准。国际石油公司在做资格认可的审核中,重点是持续一致的质量和 HSE 实施记录、体系完善的质量和 HSE 体系建设。

5.系统调试技术

系统调试是海工项目中一个十分重要的环节,也是我国大部分海工企业建造能力中的软肋,急需快速提升。在调试过程中,需要检验设备、系统的安装情况,调试设备和生产系统是否满足设计性能要求,解决设计、建造等各阶段的遗留问题,只有顺利圆满完成所有系统的调试任务,才能完成与业主的交接任务。

6.模块化设计技术

模块化设计技术主要解决模块接口技术和模块组合技术问题。

(1)模块接口技术

海工装备各模块之间可传递功能的共享界面称为接口。物质、能量和信息等通过接口进行传递,模块通过接口组成系统。而在模块间或下级模块与上级模块间的接口方式大致可分为两类,海工装备模块化之间的接口亦是如此。

(2)模块组合技术

模块的组合又称"模块集中",是利用创建的模块组合产品的过程,但模块的组合并不是模块实体的生产组装。它仍属于设计范畴，是根据市场或用户的需求进行功能分析，然后选用现有模块或设计个别专用模块进行组合。如果组合产品的总功能可以充分满足需求，则可以进行产品化；如果不能满足需求，则须重新选用模块，必要时须重新设计模块或改进某些模块后再进行组合，直到满足需求为止。相对于项目管理技术，数字化设计技术具有较高要求，但当前技术水平还有待提高。

2.2.6 案例

本书以烟台中集来福士所建造的 COSLPIONEER 半潜式钻井平台为例，详细阐述了总装建造模式中的关键技术节点，即大型总段建造、下水、提升及合龙方案，并指明相应的关键技术和应具备的条件。

陆上大模块的建造分为分片组装、分段建造、大模块建造、整体吊装合龙等步骤。这种平行建造有利于充分利用厂地、设备和人力，可以有效节约时间。

分段划分的主要依据是起吊能力和钢板的规格。烟台中集来福士船台上方用来合龙的吊是 370 t 的龙门吊，所以一般考虑每个分段的钢结构质量不超过 250 t，因为还要考虑是不是要翻身及舾装件的质量。

驳船下水依照的海工平台总装建造模式，整个 COSLPIONEER 半潜平台分为上船体（甲板箱形结构）、下船体（两个大的总段组成）和一个钻井模块（DEs）。陆上同步建造完成后，下船体、上船体和钻井模块依次通过半潜运输驳船德浮#1 和德浮#2 完成装载、下水。

1. 船体下水

半潜平台 COSLPIONEER 的下船体质量接近 10 000 t，通过承载能力达 25 000 t 的半潜运输驳船德浮#2 完成下水，可使用液压顶推和绞车牵引两种方式完成装载。

2. 下潜漂浮

整个下船体滑移到德浮#2 驳船上的最终位置后，在下船体和驳船之间进行简单的捆绑固定，通过拖轮将其拖到 18 m 深水码头处。首先将德浮#2 驳船系缆固定，在天气条件允许时开始下潜操作，按照预先计算好的压载方案完成驳船内部的压载水，潜水员下潜观察驳船和下船体是否脱离，最终在脱离的情况下拖走下船体，排开压载水起升驳船，完成下船体的下水过程。

20 000 t 龙门吊合龙利用 20 000 t 泰山吊实现 COSLPIONEER。上船体和下船体两大总段吊装合龙是该平台总装建造最关键的环节。该环节主要包括 DES 安装、上船体吊装、上下船体合龙三个主要步骤。基于 ABAQus 软件进行严格的吊装强度分析，确保吊装过程中的安全。

（1）合龙前准备

在上、下船体下水前，对两个总段应进行一系列与合龙相关的检查工作，其中包括各总段对位基准线是否标注完整，立柱建造余量是否切除，上、下船体之间是否存在干涉，等等。各项检查完毕后，总段才可进行下水。为了保证上、下船体合龙的精确定位，合龙过程中采用二级导向，并在下水前完成导向结构安装。

（2）船体吊装合龙

德浮#1 将吊装模块运至船坞内，利用船坞岸边的绞车调整德浮的位置，使得上船体与下船体垂直对位。泰山吊将上船体模块缓慢放下,完成基准定位后,进行上下船体的连接焊接。此过程要实时监控船体的变形情况,及时通过稳性、压载和强度分析来控制船体结构的变形。合龙完毕后移至深水码头进行水下推进器安装和试航。

依托于烟台中集来福士的生产建造设施所形成的独具特色的海工总装建造模式,不但可以服务于烟台中集来福士自身的建造需求,而且可以满足周边海工建造兄弟单位的平台总装建造的需求,面向国内外提供总装合龙的优质服务。

2.3 模块化建造模式

2.3.1 模块化建造模式的含义

模块化建造是可以把一些产品同时放在不同场地完成,主要部件在抵达现场之前就完成组装的模式。

2.3.2 模块化建造模式的优点

1. 通过三维模型设计减少设计变更所造成的材料成本

模块化建造的关键是模块化设计,即把整个设施分成若干个模块(包括现场建造的部分),并在计算机三维模型设计的基础上,进行各种设备(或结构)的模块化集成和综合设计。模块化建造不仅要求从系统观点出发,更要求从建造观点出发进行提前设计;理顺模块设计、模块管理(包括生产与运输等)和模块现场施工之间的协调关系;把以往需在现场建造的内容,通过模块化设计尽可能地转移到预制车间(或组装场地)实施,实现标准化设计、工厂化生产、模块化施工、专业化管理。采用这种虚拟建造的方式,可利用Teklastructures、Pro/E、PDMS、PDS等相关软件的平台进行辅助应力计算、分段吊装计算、碰撞检查等虚拟加工设计,检查管线与管线、管线与支架和吊架的碰撞,可大幅度地在设计阶段就避免以后施工中的返工,提高施工效率,降低设计变更造成的材料成本。

2. 有效降低油漆材料成本

采用模块化建造,可减少传统建造中由于后施工中新加上的附件而对甲板片油漆的破坏,由此可省去许多打磨和补漆工作。模块化建造中的大部分附属构件可与甲板片一起涂装,这样既提高了涂装效率,又减少了油漆材料成本。表2-3列出了某海洋石油平台采用模块化建造在补漆方面节约情况的统计,从中可见,至少可有效减少 3 822 个补漆点和 488 m² 的补漆面积。

3. 减少人工投入

机、管、电仪等与结构在地面交叉施工,能明显缩短工期,加快项目进度。大部分附属构件可与甲板片一起涂装,提高涂装效率,这在很大程度上减少了工人爬上爬下的工作量,提高了检验工作的效率。模块化建造有效地避免了作业空间狭小、拥挤的缺点,消除了高空搭建脚手架及靠体力传递跳板、架子管等过程,便于施工,降低了劳动强度,提高了人工效率,减少了人力投入。

表2-3　某模块化建造的海洋石油平台节省油漆统计

序号	模块化清单	总数量	计划模块化携带数量	现场实施情况	实施比例（%）	节约二次补漆点数/个	节约二次补漆面积/m²
1	结构栏杆	125 片	125 片	125 片	100	500	25
2	结构筋板、环板、傍板	856 块	856 块	856 块	100	856	86
3	结构半圆扣管	76 件	76 件	76 件	100	76	38
4	结构挡水扁铁	372 m	372 m	372 m	100	372	186
5	配管地漏	83 个	83 个	83 个	100	83	42
6	配管支架	294 个	126 个	47 个	37	47	3
7	配管护管	无护管布置图	9 个	3 个	33	3	1
8	电器马脚	334 个	334 个	334 个	100	668	33
9	电气护管	27 个	7 个	7 个	100	7	1
10	电气小托盘支架	206 个	142 个	27 个	19	24	2
11	电气托架支撑	401 个	401 个	401 个	100	802	40
12	仪讯马脚	77 个	9 个	9 个	100	802	40
13	仪讯护管	77 个	9 个	9 个	100	9	1
14	仪讯小托盘支架	20 个	20 个	20 个	100	20	2
15	仪讯托架支撑	173 个	134 个	134 个	100	268	20
16	仪讯探头支架	147 个	27 个	27 个	100	27	2
17	仪讯通信支架	56 个	20 个	20 个	100	20	2
	合计					3 822	488

4. 节省吊机等大型设备作业台班

传统工艺中的拉筋、支架的安装需要大型履带吊将构件吊至高空，受履带吊的数量和站车位置行走路线等影响因素较多。模块化建造工艺实施后，由于高度下降，降低了对吊车能力的需求，同时减少了吊车的占用时间，降低了机械台班成本。模块化工艺使甲板片上方的构件吊装只需要用汽车吊便可完成，甲板片下方的构件用叉车就能运输到位，减少了对大型吊车的依赖，加快了工程进度，节约了成本。

5. 缩短滑道占用时间

海洋工程结构物绝大多数依靠滑道进行总装，不同结构物按照计划统筹安排滑道总装，在滑道总装建造完成后，通过拖拉牵引或吊装至船舶，运输至海上油气田。滑道资源是海洋工程建造的核心资源之一，尤其在多个项目同时进行时，各项目对滑道的占用直接关系到工程成本的高低。模块化建造可以实现许多作业面同时工作，且非常直观，这样就可以把关键路径上的部分工作模块尽可能多地安排在预制车间或场外完成，从而缩短滑道占用的时间，有效利用资源，降低成本。

6.节省高空脚手架搭设

一体化建造将机、管、电等专业的安装工作转为地面安装,消除了高空搭建脚手架及靠体力传递跳板、架子管等过程,节约了人力资源和脚手架的材料费用。

7.提高质量的同时,降低质量成本

低空焊接作业环境更好(如避风、预热等),更有利于保证焊接质量。把现场建造活动更多地移至容易控制的制作车间中进行,既可在制作中进行及时、集中的检查,又较易及时地反馈经验和吸取教训,更容易保证建造质量,还可降低因分散检查或检查不到位而引起质量处理等发生的相关费用。

8.降低安全管理成本和施工风险成本

模块化建造能平行进行各个模块建造,大量减少现场的人员和施工活动,减少施工交叉作业,减少现场的施工设备、临时厂房等设施,改善施工工作环境,降低施工风险。将部分高空作业转成地面,减少空间交互式作业量,可大大降低安全风险,为施工人员提供更为安全的作业环境,同时降低安全管理成本和施工风险成本。

9.统筹优化建造方案,降低总体建造成本

模块化建造有利于统筹考虑,优选建造方案,降低总体工程造价。模块化建造可在模块化设计中通过理顺生产设计、生产管理和现场施工及模块集成全过程管理之间的协调关系,从设备和材料采办的视角,整合各种优势资源,统筹考虑与当时各种资源和项目建设限制条件相适应的模块集成程度。经过优选集成模块程度与配套的施工网络计划的合理方案,最终按综合风险最小、总体工程造价最低的方案实施。

2.3.3　模块化建造模式的缺点

1.巨大的工作量给项目计划和人员组织带来困难

模块化建造模式是在不同的场地进行建造、运输、组装的,在这个过程中,会受到场地地点的限制,给人员组织带来困难,建造完还要进行运输组装,运输过程中可能会出现意想不到的事情,导致工作量加大。

2.复杂的模块结构给设计与质量控制工作带来困难

模块化建造是通过三维模型建造的,模块结构较复杂,而且受地理位置的约束,质量控制也很困难,最终会影响整个工程的施工进度和质量。

3.施工人员的制造工艺、工作责任心也为模块化建造带来不小的挑战

因为模块化建造是先在不同的场地进行加工制造再运输组装的,若在建造过程中有工人工作懈怠,使某一块质量不过关,会影响整体的组装进度,造成成本的上升。

2.4　现代海工建造模式

2.4.1　现代海工建造模式的含义

现代海工建造模式是以统筹优化理论为指导,应用成组技术原理(成组技术是研究事物的相似性,并将其合理应用的一种技术),以中间产品为导向,按区域组织生产,壳、舾、涂作业在空间上分道,时间上有序,实现设计、生产、管理一体化,均衡、连续地总装生产的海工建造模式。

现代造船模式以统筹优化理论为指导,是系统工程学的组成部分。它是应用分析、试验和量化的方法,对系统中的人力、物力和财力等资源进行统筹安排,为决策者提供有依据的优化方案,以实现最有效管理的理论。系统工程需要应用现代数学的统计管理方法和计算进行系统分析、综合、优化、评价和规划。在造船模式中提出了"壳、舾、涂一体化""设计、生产、管理一体化"的概念。海工装备建造可以以统筹优化理论为指导,但还需要针对海工装备自身特点进行统筹、优化,两个"一体化"思想在海工建造中并不完全适应。

现代造船模式应用成组技术的相似性原理,以中间产品为导向进行工程分解,主要是结合了船舶小批量生产的特点,按中间产品类型、按阶段、按区域、按作业性质(壳、舾、涂)分类成组,具有一定的借鉴意义。海工装备不是小批量产品,是个性化产品,大多单件生产,不适用于流水线生产。只有某些平面分段可以采用流水线生产,大部分特殊结构采用较灵活的人机结合的半自动化设备则更为合适。因此,成组技术的相似性原理可以应用到结构制造和管子制造中,但不能完全应用到海工装备总装建造中。

现代造船模式是以中间产品为导向进行工程分解的。中间产品指的是生产单元,是船舶建造过程中制造的零件和部件。对于船体一般可以理解为分段(当然也可以由各种零件、部件、组件等中间产品组成),对于舾装一般可以理解为托盘、模块、单元。海工装备系统更加复杂,更多地采用模块化建造方式,每个模块就是一个中间产品,与船舶相比模块集成度、外形尺寸、模块质量、功能性、安装的精度远比船舶要求高得多。因此,可以借鉴以中间产品为导向进行工程分解,重点应该围绕模块进行工程分解。

现代造船模式的生产组织方式是采用设计、生产、管理一体化,是设计、生产、管理三者的有机结合,要求在产品设计初期就制订工作计划,设计部门按照中间产品导向的要求进行工程分解,编制现场生产用的图和表。物资部门按照设计部门舾装托盘表及管理部门的设计配备齐全,适时供给。生产部门把信息和物资转换为中间产品。这样把设计思想、建造策略和管理思想三者有机地结合起来。由于船东修改要求相对较少,采用上述工程管理的管理方式可以较好地实现造船组织生产。而海工装备组织生产的方式是"项目制",业主的要求随时变化,设计也必须做出相应的修改,由于建造工序过程复杂,生产设计难以深化,很多施工技术和工艺问题无法做到事前解决,需要在实际建造过程中进行研究,随机应变。边设计,边生产是海工装备建造的一个特点。另外,在计划进度(设计、生产、采办)、成本控制、HSE(健康、安全、环境)、质量等方面的管理需要提出有针对性的资源配置需求。因此,可以借鉴船舶"设计、生产、管理一体化"思想作为海工"项目管理"的一个补充,但是不能完全按照设计、生产、管理一体化的方式进行组织生产。

现代造船模式提出了均衡、连续地总装造船,主要是指节拍生产,实质上是柔性建造系统,可以理解为"准流水线作业",也就是没有流水线设备的流水线作业将流水线的生产方式的管理原理应用到造船生产上。海工装备建造个性化强,不适合流水线建造及流水线管理方式,因此对于均衡、连续地总装造船的借鉴意义不大。

2.4.2　现代海工建造模式的流程

中远船务推行的是现代海工建造模式,在实施过程中采用了现代海工建造工艺流程,目的是使海工建造企业在建设和改造时成为现代化、国际化的企业,提高劳动生产率,其主体思路如下。

1. 中间产品的合理分解

根据成组技术相似性原理,对海工建造的中间产品进行合理的分解,统计相关的工艺技术数据,进行物量分析。根据中间产品逐级制造的原则,依照分道建造、区域舾装、区域涂装的现代建造方法,是规划海工建造的工艺流程的基本准则。

2. 均衡、协调的工艺流程

海工建造的工艺流程的具体布置应该以钢材加工、分段建造、涂装和舾装作业、分段中组及大合龙等为主线,以管子加工、模块制造、机械加工及内场加工为辅线,运用工艺流程分析方法,进行前后、平行方式的综合布置,形成壳、舾、涂三大作业均衡、协调的工艺流程。

3. 注重生产过程的效率和效益

完善海工生产的工艺流程,既要考虑有一定数量的中间堆场和仓库,又要按照实施段循环通量控制的生产技术有关要素,努力减少中间产品的停留时间。为保持生产的连续和一定的节奏,生产场地和中间堆场的面积应维持合理的比例,确定企业用地总量时必须考虑投资的综合效益。

2.4.3 现代海工建造模式的优点

1. 成本降低,周期缩短

现代海工建造模式采用产品导向型工程分解(按中间产品的角度来分解),根据相似性对需要制造的零部件分类归组,分派给厂内外各专业化且有经济效益的生产单位进行生产,最后总装。利用区域舾装、区域涂装法使大量的工作被提前,与船体建造同时进行,许多区域一起施工,广泛开展专业化分工与协作,依靠平行作业、专业作业、规模作业来缩短建造周期,降低生产成本。

2. 生产率整体提高

中间产品导向的生产体制:生产任务由船厂内外各个专业、产品、人员、设备、场地、规模和指标的"微型工厂"完成,这样的生产体制产生简单的物流和信息流,使生产处于可控状态,便于优化,又因为各个生产单元进行独立核算,有自己的利润,都会争先采用先进的管理技术、工艺技术和生产设备,从而提高船厂的整体生产效率。

3. 工作环境改善

大量的舾装、涂装作业从船上转移到各生产制造车间,作业位置由仰到俯,从高处变为低处,从狭小空间变为便于出入的场所,安全性大大增强。

2.4.4 现代海工建造模式的缺点

现代海工建造模式的缺点:面临多品种同时作业,以中间产品为导向组织生产需进一步重组作业流程,规范作业方法困难;区域制造的生产管理体制与组织机构还不够完善。

2.4.5 案例

1. 中远船务海工建造模式的基本情况

中远船务从2006年起进军海工建造市场,虽说引进了一些海工建造的技术和生产管理人才,但还是不能马上改变原来的船舶修理改装模式,主要建造模式还是以系统为导向,按功能、系统对产品作业任务进行分解和组合,并按机、电专业划分工艺阶段,再细分为各个工艺项目,作为建造过程中的一个工艺环节,以工艺过程形式组织生产的一种制造模式。

从设计方式来看,还是按照传统的施工设计,分别由工艺、计划、生产等部门分专业、按系统进行工艺性设计,其特点是设计、工艺、管理三者分离。

从生产方式来看,还是按工艺路线以工艺项目分专业工种组织生产,先船体,后舾装。

2. 中远船务海工建造模式存在的问题

通过近几年的不懈努力,转模工作取得了很大的成效。各企业显著提高了转模工作的自觉性,已经从"要我转模"逐步转到"我要转模"的轨道上来,但是目前我们仍然处于转模的初级阶段,各企业还没有彻底摆脱传统建造模式的影响。从国际大环境的角度看,中远船务与国际水平的差距确实很大,主要表现在以下几个方面。

(1)在缩短周期、降低成本和压缩工时三个方面没有取得突破性进展

突出表现在周期没有明显缩短,成本没有显著降低,总工时没有大幅度减少,经济效益没有明显提高。在船台周期方面,我们与国际水平的差距是明显的。生产效率偏低、建造工时过高一直是困扰企业的难题。

企业成本管理水平高低主要体现在年度毛利率和年度毛利上。我们和国内外先进企业毛利率的差距,反映了我们企业成本管理的综合管理功能还未形成。企业的成本管理和生产管理实际上处于分离状态。企业还没有自觉地从投资、劳力、技术三大资源优化配置入手真正地进行投入产出分析,至今还没有达到最小投入、最大产出的预期目的。

(2)传统观念和习惯势力还有相当大的影响

企业中至今仍然有人认为现代海工建造模式只适用于造船,而面对多品种,数量单一的海工产品则无能为力。

再有,对信息的重视程度还没有达到应有的高度,信息的采集、整理、分析还不完善,还不能作为指导生产的唯一依据,因此经验管理还占有相当重要的地位和相当大的比重。当前制造企业信息化管理的现状已经不能适应企业快速发展的要求。

传统观念和习惯势力对转模的影响,目前更多地反映在体制和机制上。例如,企业在推行复合工种培训、改革工时管理等一系列深入转模需要做的工作时发现,转模推行的改革与现行的认识制度、工资制度等发生了冲突。当推行综合集成管理的时候,发现企业上层管理模式仍未摆脱按专业分工的多头领导模式,然而这又关系到企业领导体制的创新,涉及责、权、利的重新调整和再分配,因此是一个敏感而棘手的问题。

3. 中远船务推行现代海工建造模式的条件

(1)总装建造作业流程已初步形成

近几年集团各企业均在进行业务流程重组,不断分析本企业建造作业流程,把大量舾装制品剥离出企业。同时,又加大投入进行了多次技术改造,使生产布局合理化,扩大了涂装作业场地和预舾装场地,组建了平面分段流水线和管子加工流水线,初步解决了生产瓶颈,从而初步形成了船体分道、区域舾装、区域涂装的总装建造的作业流程,但也面临多品种同时作业、以中间产品为导向组织生产需进一步重组作业流程、规范作业方法的困难。

（2）区域制造的生产管理体制与组织机构在不断完善

中远船务对转模两年基本到位所建立的总装化制造和区域制造的制造事业部制进行了不断完善。中远各子公司制造事业部基本形成生产准备、分段制造、船台吊装、机装、内装、外装、电装和涂装区域作业的组织机构。在完善区域制造的生产管理体制和组织机构的同时，还十分重视加强成本控制和壳、舾、涂一体化管理，也重视精简机构，减少管理层次。近些年来，尽管各企业均对区域制造的生产管理体制和机构进行不断完善，但区域定制管理尚未到位，生产组织形式未完全按区域、阶段、类型进行封闭作业，岗位设置缺乏规范，而且在改革、完善区域制造的生产管理体制和机构中仅局限于制造事业部，企业高层领导的生产管理体制依旧，多头管理矛盾突出，在某种程度上已不利于深入转模的推进。

（3）基本建立制造生产管理体系，为强化工程管理创造了条件

面对转模外部环境发生的变化和市场严峻的挑战，中远船务比过去更加重视强化工程管理，而且都已按照现代海工建造模式的要求建立较为完整的制造生产管理体系，含工程计划管理、成本管理、质量管理及生产技术准备等管理体系，各个管理层次职责分明，部门间分工明确，管理制度也较健全。

目前，各企业的管理方法仍然有进一步改进的空间。尽管各自都建有较为完善的生产管理体系，但有些方面还只是形似，管理方法全凭经验，靠生产调度进行管理，而缺乏明确的物量和作业量来进行科学管理和动态管理，更缺乏优化企业现有的劳动力资源、场地、设备等生产要素，难以使其充分利用，达到最佳配置。此外，生产管理的信息快速传递与快速反馈能力也较差。由于新品种的增多，各企业对生产节点控制能力也有所降低，所以从现代海工建造模式角度看，各企业的强化工程管理尚没有达到科学管理水平。

从以上基本情况看，近几年中远船务的深入转模是企业受到市场严峻挑战的客观需要，也是企业生存与发展的必由之路。其特点：转模与完善体制、机制改革相结合；转模与加强成本控制相结合；转模与管理、技术创新相结合。总的来说，集团内各企业的转模至今仍处于现代海工建造模式的初级阶段，有待进一步深化和提高。

4.中远船务推行现代海工建造模式的对策

（1）推进企业体制与机制的改革

中远船务推行现代海工生产模式的工作，已经到了由生产力范畴向生产关系范畴扩展的阶段，开始触及体制和机制等方面的问题。企业不仅要解决好技术创新和管理创新的问题，也要解决好体制和机制创新的问题。体制和机制问题是企业深层次的问题，当前体制和机制的改革已经成为影响建造企业快速发展的关键，因此，体制和机制的改革绝不能流于形式，必须对企业的法人治理结构、领导体制、管理制度进行全方位的改革；对企业分工过细，上下对口、只能重叠的机构进行实质改组，消除无效的管理部门，形成综合、集成、高效、精干的管理模式。

提高员工素质，完善激励机制。现代海工生产模式是靠人去推进实施的。员工素质的高低直接影响到新技术的消化、吸收和推广，也影响到效率、质量和成本。提高员工素质要与完善激励机制相结合，也要与增强各部门、各基层单位自我控制、自我发展相结合。为此已采取以下措施：

①大力改革本企业的劳动工资、人事制度、定额管理等，建立自下而上的考核机制以引

导各基层进行自主管理、自我激励,激励自己不断奋发向上,促进企业发展;

②明确各个管理层次、区域、岗位职责,大权集中,小权分散,让基层单位在大目标、大计划统帅的前提下,具有更多自我活动的空间,以调动自主管理的积极性;

③明确复合职能岗位和复合技能职责,岗位有主次、技能有高低之分,岗位、技能应与劳动报酬紧密结合起来,以推动竞岗、竞技机制的实施;

④组织不同层次的岗位、技能培训,举办各种技能比试、比赛,为竞岗、竞技开创条件。

(2)以中间产品为导向,理解并确定总装建造的作业流程

所谓中间产品泛指海工建造不同制造级的作业对象和作业阶段的产品,是通过生产设计将海工系统转换到区域,并按区域、阶段、类型逐级分解为可独立制作的作业单元,再将其按类型、阶段、区域、系统组合起来形成完整的产品。

从生产管理的角度来看,船体建造的中间产品是指壳、舾、涂一体化的完整分段,舾装则指各类单元和模块。中间产品应有其产品的固有属性,如有完整的技术状态、尺寸精度、制作工艺、作业任务及其生产资源等要素。这就需要通过生产设计和工程管理的相互配合才能设计好中间产品,以确保作业流程能按中间产品为导向的生产作业体系正常运作。

通过上述对中间产品的理解,为建立其生产作业体系就必须结合企业现有生产资源与生产实际,确立本企业各类中间产品在各区域、各阶段所需达到适应本企业标准的完工技术状态,除作为指导生产设计方针外,还将作为工业工程理论,以进一步理顺、细化本企业总装制造的作业流程。理顺、细化总装制造作业主流程,在于合理划分施工区域和作业阶段,以便明确各类中间产品在哪个区域、哪个阶段完成。这就为建立以中间产品为导向的作业体系推行区域定置管理提供了条件。

(3)完善生产技术准备体系

生产技术准备是海工产品建造前十分重要的策划工作。这种策划直接影响海工产品的质量、成本和周期。为此,各企业均非常重视生产技术准备工作,也都建有各自的生产技术准备体系和部门责任制,但尚需进一步完善其体系:

①克服前期生产技术准备抓得不紧的问题,尽早、尽速吃透产品技术要求,有效组织技术攻关、技术培训和组织关键设备的订货;

②克服前期生产技术准备的多头领导突出、准备效率不高的矛盾,尽快完善并真正实现项目经理负责制;

③鉴于生产技术准备工作涉及面广、环节多、技术难度大,应根据企业的特点制定有效的生产技术准备的管理制度,明确责任部门、责任人、工作流程和决策程序等。

5. 强化工程管理

(1)工程管理内涵的再认识

实现制造企业快速发展,必须在强化工程管理上下功夫,变粗放型管理为精细化管理。

强化工程管理实质上就是生产过程的优化,也就是调整、理顺生产作业流程。对调整、理顺生产作业流程不能仅仅局限于设备、场地的工艺布局调整,包括以下内容。

①设备、场地布局的优化,平台、船台、码头相互关系协调的优化。

②确定与区域、阶段、类型相对应的中间产品的基本类型及相应的完整性要求。

③按区域、阶段、类型测算各生产环节的工序能力及生产节拍。

④推行柔性计划管理方式。这是把数据统计方法运用到生产计划管理中的计划管理模式。柔性就是可调整性，柔性计划就是弹性的、可调整的计划。计划确定的工期允许有一定的范围偏差。柔性计划管理方式也可以理解为对生产计划进行精度管理，柔性计划的基本特征就是通过滚动计划即时修正偏差，控制离散度。柔性计划的管理过程是承认一定范围的偏差，而又不断修正偏差的过程。

（2）正确处理生产设计和工程管理的关系

推行"节拍制造"，实施精细管理，必须理顺生产设计和工程管理的关系，对于两者之间的关系，应这样理解：

①工程管理是整个转模工作的龙头，生产设计是转模工作的基础，深化生产设计离不开工程管理这个"龙头"的作用。

②深化生产设计的原动力来自生产部门，没有生产部门的积极性，深化生产设计就是一句空话。

搞好生产设计一定要做到"建造策划"走在设计前面。这也说明了生产部门在深化生产设计中的重要作用。因此，紧紧抓住生产现场这个源头，调动生产部门参与生产设计的积极性，是深化生产设计的必由之路。

制造企业快速发展必须要强化工程管理，以海工产品为载体，从改革船台工程管理计划入手，以国内外先进的船台、码头周期指标及下水完整性要求为目标，优化工序流程和工序节拍，按现代海工建造工程管理内容编制船台装配，壳、舾、涂分道有序衔接的日程计划、作业量及生产资源平衡的物资计划和细化的劳力配员计划。在此基础上向码头调度阶段和组立安装，大、中、小组立及钢材加工阶段两头延伸，编制相应的工程管理计划、生产作业准备计划、设备材料调度管理计划、技术资料的供图计划等。通过几个海工产品的建造实践验证，逐步可以形成海工建造生产体系的工程管理标准和计划标准。根据工程管理及总装生产线的特点相应调整机构和生产组织机构。围绕总装策划建立若干中间产品的生产单元。至此，才能完成建造企业现代化生产管理和生产操作系统的建设，达到缩短建造周期、快速提高生产效率的目的。

2.5　设计－采购－建设模式

2.5.1　EPC模式的含义及特征

1. EPC模式的含义

EPC模式（Engineering Procurement Construction，EPC）又称为设计施工一体化模式。具体而言，EPC模式指在项目决策阶段以后，从设计开始，经招标，委托一家工程公司对设计－采购－建造进行总承包的模式。业主在采用EPC模式的基础上，能够按照承包合同规定的总价或可调总价方式，由对应的工程公司负责管理和控制工程项目的进度、费用、质量、安全等，并依照合同约定的内容按时保量完成工程建设。

2. EPC模式的特征

与建设工程项目管理的其他模式相比，EPC模式有以下几个基本特征。

（1）承包商承担大部分风险

一般认为，在传统模式条件下，业主与承包商的风险分担大致是对等的。而在 EPC 模式条件下，由于承包商的承包范围包括设计，因而很自然地要承担设计风险。此外，在其他模式中均由业主承担的"一个有经验的承包商不可预见且无法合理防范的自然力的作用"的风险，在 EPC 模式中也由承包商承担。在其他模式中承包商对此所享有的索赔权在 EPC 模式中不复存在。这无疑大大增加了承包商在工程实施过程中的风险。

（2）业主或业主代表管理工程实施

在 EPC 模式条件下，业主不聘请"工程师"来管理工程，而是自己或委派业主代表来管理工程。由于承包商已承担了工程建设的大部分风险，所以与其他模式条件下工程师管理工程的情况相比，EPC 模式条件下业主或业主代表管理工程显得较为宽松，不太具体和深入。例如，对承包商所应提交的文件仅仅是"审阅"，而在其他模式则是"审阅和批准"；对工程材料、工程设备的质量管理，虽然也有施工期间检验的规定，但重点是在竣工检验，必要时还可能做竣工后检验（排除了承包商不在场做竣工后检验的可能性）。

（3）总价合同

总价合同并不是 EPC 模式独有的，但是与其他模式条件下的总价合同相比，EPC 合同更接近于固定总价合同。通常，在国际工程承包中，固定总价合同仅用于规模小、工期短的工程。而 EPC 模式所适用的工程一般规模较大、工期较长，且具有相当的技术复杂性。因此，在这类工程上采用接近固定的总价合同，也就称得上是特征了。在 EPC 模式条件下，业主允许承包商因费用变化而调价的情况是不多见的。

3. EPC 模式的适用条件

由于 EPC 模式具有上述特征，因而应用这种模式需具备以下条件。

①由于承包商承担了工程建设的大部分风险，因此，在招标阶段，业主应给予投标人充分的资料和时间，以使投标人能够仔细审核"业主的要求"（这是 EPC 模式条件下业主招标文件的重要内容），从而详细了解该文件规定的工程目的、范围、设计标准和其他技术要求，在此基础上进行工程前期的规划设计、风险分析和评价及估价等工作，向业主提交一份技术先进可靠、价格和工期合理的投标书。

②虽然业主或业主代表有权监督承包商的工作，但不能过分地干预，也无须审批大多数的施工图纸。既然合同规定由承包商负责全部设计，并承担全部责任，只要其设计和所完成的工程符合"合同中预期的工程之目的"，就应认为承包商履行了合同中的义务。这样做有利于简化管理工作程序，保证工程按预定的时间完成。而从质量控制的角度考虑，应突出对承包商过去业绩的审查，尤其是在其他采用 EPC 模式的工程上的业绩，并注重对承包商投标书中技术文件的审查及质量保证体系的审查。

③由于采用总价合同，因而工程的期中支付款（Interim Payment）应由业主直接按照合同规定支付，而不是像其他模式那样先由工程师审查工程量和承包商的结算报告，再决定和签发支付证书。在 EPC 模式中，期中支付可以按月度支付，也可以按阶段（我国所称的形象进度或里程碑事件）支付。在合同中可以规定每次支付款的具体数额，也可以规定每次支付款占合同总价的百分比。

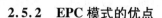

2.5.2　EPC 模式的优点

①业主可以把工程的设计、采购、施工和开工服务工作的一揽子工程全部托付给工程总承包商,由其负责组织实施具体的建设项目。业主仅需要负责整体的、原则的、目标的管理和控制。采用 EPC 模式下的总承包商更能发挥主观能动性,能运用其先进的管理经验为业主和承包商自身创造更多的效益,从而达到提高工作效率、减少协调工作量的目的。

②采用 EPC 模式能够有效减少设计变更次数,确保工期较短。EPC 模式中的设计是由承包商负责的,不像传统模式中的由业主负责,这样就不会出现设计方与承包商因沟通不畅或者利益不均等原因使工期延长,也相应地减少了变更的次数,降低了施工成本。

③EPC 模式采用的是总价合同,因此从理论上说基本上不用再支付索赔及追加项目费用,从而使项目的最终价格和要求的工期具有更大程度的确定性。

2.5.3　EPC 模式的缺点

①业主不能对工程进行全程控制。

②总承包商需要全权对整个项目的成本工期和质量负责,进而加大了总承包商的风险。为了降低风险、获得更多的利润,总承包商有可能采取调整设计方案来降低成本,进而可能会影响长远意义上的质量。

③由于 EPC 模式采用的是总价合同,因此承包商获得业主变更令和追加费用的弹性很小。

2.6　海工项目管理模式分析与优化

2.6.1　项目管理模式现状分析

项目管理模式的改进是新形势下企业生存与发展的重要手段,也是我国各级企业实现产业升级、迎接新形势下的国际挑战的唯一途径。但就其现状来看,仍存在以下三个主要问题。

1. 质量管理体制不完善

当前,我国对项目的现行质量管理体制是在沿用旧体制的基础上,逐渐改进、完善的结果,仍带有计划经济烙印,政企不分的情况依然存在。在这一现状下就难以实行公正、严格的质量监督,不利于有效约束机制的建立。往往因地方政府执法不力,而难以有效遏止部门保护主义、地方保护主义等问题,社会和群众监督难以发挥作用,直接影响海工项目的质量。项目质量体系在多数项目上未能得到真正有效的运行,程序文件得不到有效贯彻执行。在这些项目上的具体表现:施工组织设计及施工方案编制欠针对性,施工作业指导书不能紧贴作业,每个工程都有各自的特点,但有些项目部却照搬方案;材料进场检验及试验不到位,致使使用了不符合要求的材料;工程技术交底笼统、形式化;过程检验不规范,作业人员以完工为目的,不管质量好坏,而项目质检员又未能尽责;质量控制点的设置与管理不合理、不规范,关键、重点部位有失控现象;工程质量检验评定不客观、不及时;一些地方和部门的市场准入制度管理疏漏,在施工企业中出现虚假的有资质无能力或高资质低能力的不正常现象,也存在无证施工、借证卖照、超规定范围承包、逃避市场管理、私下交易等现象。

2. 企业缺乏法律意识

虽然相关法律法规已经对企业的义务、责任及工程技术和质量管理中的操作规范和程序做出明确规定,但因部分企业法制观念淡薄,在实际施工中违规操作,不按图纸或顺序施工,甚至存在偷工减料的现象,造成质量事故的普遍发生。此外,部分地方或部门在准入制度管理方面存在不足,存在借证卖照、无证施工、私下交易、超规定范围承包等现象,对建筑工程项目质量管理效用的发挥构成直接影响。

3. 项目质量管理的方法和水平不足

当前,我国的质量管理方法和水平相比于西方发达国家仍较为落后,部分工程的项目质量管理仍在沿用计划时期的方法,且新质量管理方法的范围较小、实施较慢,这就在很大程度上影响了我国项目在质量问题方面的发展。

此外,不规范的材料使用、不客观的质量评定、工程总质量与工序质量难以定量评判、质量改进方法不科学、施工方案的设计与编制针对性不足等问题也是当前建筑施工项目质量管理面临的较为常见的问题。

2.6.2 项目管理模式优化选择的影响因素

建设项目立项后,项目业主应尽快根据自身的技术力量和管理能力、项目性质、投资来源、建设规模、工程的复杂程度等条件,确定拟建项目的管理模式及其管理组织。项目管理模式应根据项目的内部环境,并结合项目的外部环境进行综合分析后再做出选择。业主在考虑项目管理模式时,都会从项目的各个角度加以分析评价,从而提出一个对自己和项目都有利的管理模式。通常影响管理模式选择类型的关键因素有以下七点。

1. 业主方的技术力量和管理能力

业主往往既是项目的投资者之一,又是建成后的经营者,故作为项目建设主体的重要一方,本身应具备一定的技术力量和项目管理人才。其自身技术力量的强弱和项目管理水平的高低,将对项目能否成功实施及保质保量地竣工交付产生很大的影响,业主方的技术力量和管理能力在很大程度上影响着对项目管理模式的选择。业主方的项目管理的主要职责:进行投资前期的调查研究,以确定项目定位;进行项目融资,以落实资金来源;选择设计单位、承包商和咨询单位,进行设计和施工阶段的合同管理;项目实施过程中承担协调、监督和控制任务,包括项目三大目标的控制;接收贷方对项目实施阶段的监督;进行项目的验收和接收,并投入运行。

根据技术力量和项目管理水平的不同,业主在对项目管理模式类型的选择上也有所不同。如业主方有类似经验,自身拥有较强的技术力量及较高的管理水平,业主一般会选择自营式或设计与施工分包方式,这时业主是管理的主体。在交钥匙或把工程项目管理委托给项目管理公司时,项目受委托方代表业主承担了主要的职责。

2. 项目的资金来源与构成

资金是项目建设的重要因素,它影响着项目的进度控制,甚至关系到项目能否顺利竣工。资金筹集是项目建设的重要前期工作之一。20 世纪 80 年代以前,在计划经济体制下,我国项目投资所需资金大部分来自财政预算这一单一渠道。改革开放以来,投资领域发生了重大变化,投资主体多元化、投资渠道多样化等已成为投资体制改革的重要标志。从总体上看,项目的资金来源与构成在一定程度上也影响着项目管理模式的选择。

如果项目的投资主要是由业主的自由资金提供的,则业主完全可以根据项目的性质和自身特点,自主地选择项目管理模式。如果投资者是通过贷款或其他方式向业主提供资金的,由业主负责建设经营一个项目,那么投资者必然会关心这个项目能否成功,建成后能否盈利,或者说能否收回本息。因此,投资方必然会介入这个项目的管理。最典型的要数世界银行对贷款项目的管理,它有一整套完整而严格的管理办法,从而对整个项目的管理产生一定的影响。当然,项目的实施方负主要的责任,投资方只是起监督作用。

3. 项目的性质

尽管国内外的工程项目千差万别,且具有各自的特点,但依据项目的专业性质与建设规律,还是可以对其进行一定的分类。不同性质或不同类别的项目,往往仅适合采用某一种项目管理模式,项目的性质是影响项目管理模式选择的重要因素之一。工程项目中包含一类规模大、技术程度高的工业项目,这类建设项目的科技含量高,需承包商和项目管理者具有丰富的类似工程建设经验,一般适合于专业公司进行总承包管理。

4. 项目的工期要求

建设项目的工期是项目重点控制目标之一。它不仅关系到项目的竣工时间,还影响到项目建成投产后的经营效益乃至投资者能否早日收回投资的问题。故保证合理的工期往往是投资者、项目业主、包括承包商在内的建设各方主体所共同追求的目标。

影响项目工期的因素很多,但业主选择一种合适的项目管理模式也是改善这一问题的重要方法之一。对于一些时间要求相当紧迫的项目,一般可以考虑采用平行承发包模式,因为设计和施工任务经过切割分别捆包成一个个较为独立的单体后,设计与施工有一段搭接关系,从而缩短了整个工期。由于联合体承包管理模式能够按优化组合原则进行项目建设,从而在进度控制方面能力较强。

5. 项目的规模

项目的规模差别很大。一般投资规模大的项目,对国民经济的影响也相对大,而普通工业与民用建筑的投资规模要相对小得多。投资规模是影响项目在选择管理模式时的一个不可忽视的因素。投资规模小的项目,一般选用公开竞争或选择性竞争的招标方法,或"设计加建筑"等总承包方法。对于那些规模大、专业多、技术复杂和时间要求紧迫的大中型项目,业主一般不宜采用自营的方式,而更适合委托项目管理公司进行管理,通过项目管理公司专业化、高质量的服务来达到"经济"和"高效"的目的。

6. 地域性特点

项目所在国家或地区的地域性也会对项目管理模式产生一定的影响。有些国家或地区的业主有一定的偏好,会习惯性地选择某一种或某一类项目管理模式。由于长期采用,已积累了丰富的经验。

同时,项目所在地的经济因素与政治因素也是业主和承包商会谨慎考虑的问题。经济因素主要指项目背景区域的资源潜力、国际收支及发展规划、财政及汇率政策和调整趋势。

政治因素包括政治总体稳定性和该区域的国际关系状况。两者的不同状况使项目具有大小不等的潜在风险,业主和承包商都会考虑采用对于己方来说风险较小或易控制的项目管理模式。其他如项目所在地的自然因素、社会文化因素、法律因素和技术因素等都会或多或少地对项目管理模式的选择产生影响。

7. 承包商与咨询顾问的因素

在项目承发包之前,业主都会详细考察社会上较为优秀的承包商的实际管理能力、经营业务范围、成本控制水平、资信状况、规模和管理风格、类似项目的工程经历等,根据不同的状况选择与之匹配的项目管理模式。如果业主已与部分优秀承包商建立了较为稳定的合作关系,则分析考察的重点就相对简单。

在项目执行过程中,需要各种各样的专业管理技能,这一点对于大多数业主自身的管理队伍而言很难满足实际工作的需要,因此咨询顾问是一种必然的选择。由于国内、国际市场上有着众多的咨询顾问公司,他们的管理能力、风格和水平各异,业主既要考虑选择适合项目本身和业主自身特点的咨询顾问公司,又要基于已选定的咨询顾问来考虑项目管理模式。

第3章 海工项目分解技术与方法研究

3.1 项目分解相关理论研究

3.1.1 作业分解结构(WBS)理论研究

WBS(Work Breakdown Structure),即作业分解结构,最早于20世纪60年代初由美国国防部和航天局开发应用,并逐渐广泛运用于各类项目,包括工程项目。

work即为完成特定目标,而付出人力物力资源,坚持不懈的努力过程;breakdown即为分门别类、化整为零、逐层细化;structure即为结构组织有序的排列。WBS可以全面系统地分析项目过程,并且也是一项非常有效的项目管理基础性方法。

WBS具有4个主要用途:WBS是一个描述思路的规划和设计工具,它帮助项目经理和项目团队确定和有效地管理项目的工作;WBS是一个清晰地表示各项目工作之间的相互联系的结构设计工具;WBS是一个展现项目全貌,详细说明为完成项目所必须完成的各项工作的计划工具;WBS定义了里程碑事件,可以向高级管理层和客户报告项目完成情况,作为项目状况的报告工具。

不同的项目,其范围、性质可能都不一样,项目管理的目标和重点也不尽相同,项目的WBS也并不一样。划分项目的WBS还必须遵循一定的方法论:按照专业划分,是一种最自然的划分方法,优点是容易让人接受,缺点是不易协调;按照系统划分,容易界定项目范围,但有时候显得不那么直观;按照项目的阶段划分,有利于项目管理者控制中间结果。对那些不确定性比较大的项目来说,项目最后的结果往往是未知的,控制项目的唯一方法就是控制中间结果的进度和质量,当前阶段的划分应该是可测量的,按照阶段划分项目有助于管理者在不同阶段控制中间成果。

3.1.2 组织分解结构(OBS)理论研究

OBS是项目组织结构图的一种特殊形式,描述负责每个项目活动的具体组织单元,它是将工作包与相关部门或单位分层次、有条理地联系起来的一种项目组织安排图形。

OBS是项目管理中由WBS演化而来的一种方法。它是一个在组织范围内分解各层次人员的方法。

OBS不等同于企业内的组织分解体系,比如,一名财务管理人员虽然处于比较低的组织体系层次,但他可能需要了解全局的信息,因此就可能需要处于较高的OBS层次上。另外,OBS还包括各项目参与方的组织,甚至可以扩展到各"项目利益利害关系者"(Project Stakeholders)。

3.1.3 企业项目结构(EPS)理论研究

EPS 是对企业内所有项目进行层次化排列。EPS 被分解为许多节点,每个节点表示 EPS 中的不同层次。所有项目都必须包含在一个 EPS 节点中,反映出对企业的项目进行分类管理与控制的方式。

EPS 集中了企业的项目数据,能够清晰地查看、分析整个企业项目的进度、属性、范围、预算和资源等信息;在分类管理项目的同时,也保留了对项目的累计和汇总功能;可以在多项目下查看资源分配情况;可以对结构中任何一个层次进行安全设置,为用户提供适当的存取项目信息的权限。

3.1.4 资源分解结构(RBS)理论研究

确定工作分解结构后就要明确需要哪些资源来完成相应工作,此时进入资源分解结构。资源分解结构是按照资源种类和形式划分的资源层级结构。通过它可以在资源需求细节上制订进度计划,并可以通过汇总的方式向更高一层汇总资源需求和资源可用性。

创建 RBS,使其反映组织资源结构并支持将这些资源分配到作业。可以设定无层级限制的资源分类码,用于分组与汇总。

此外,可以设置具有特定技能集合的角色,并在分配特定角色之前,将其用作分配,这可用于在项目计划阶段按角色安排进度与计划费用;也可分配资源日历,并定义资源的信息与各个时间的价格。

编制资源计划集成资源、费用和进度,以便对项目进行有效的控制。

3.1.5 成本分解结构(CBS)理论研究

CBS 是企业结合自身情况,依据企业管理运营和对项目分析的需要,依照预算或者成本核算体系建立的一种费用分解结构。CBS 应用于海工企业,将海工项目以成本结构维度进行分解,海工装备项目的合同收入、目标成本、目标利润及项目所有阶段产生的费用都将通过成本分解结构关联为一个整体,从而建立一套项目成本管理体系。成本分解的方法较为灵活,它可以基于 WBS 对项目费用体系进行分解;也可以根据管理需要,自由划分分解的内容和颗粒度。

3.2 作业分解结构关键技术研究

3.2.1 WBS 技术研究

WBS 是面向项目可交付成果的成组项目元素,这些元素定义并组织该项目的总的工作范围,未包括在 WBS 中的工作就不属于该项目的范围。WBS 每下降一层就代表对项目工作更加详细地定义和描述。项目可交付成果之所以应在项目范围定义过程中进一步被分解为 WBS,是因为较好的工作分解具有以下优点:

①防止遗漏项目的可交付成果;

②帮助项目经理关注项目目标和澄清职责;

③建立可视化的项目可交付成果,以便估算工作量和分配工作;

④帮助改进时间、成本和资源估计的准确度;

⑤帮助项目团队的建立和获得项目人员的承诺;

⑥为绩效测量和项目控制定义一个基准;

⑦辅助沟通清晰的工作责任;

⑧为其他项目计划的制订建立框架;

⑨帮助分析项目的最初风险。

其实 WBS 跟因数分解是一个原理,就是把一个项目按一定的原则分解,项目分解成任务,任务再分解成一项项工作,再把一项项工作分配到每个人的日常活动中去,直到分解不下去为止。

3.2.2 WBS 技术设计、建模

创建工作分解结构的一般步骤:确定项目目标—准确确认可交付成果—确保覆盖100%的工作—细分可交付成果为可计划和可控制的管理单元。工作分解结构的核心原则:定义项目范围;包含100%的项目范围所定义的工作;抓住所有可交付成果;确保下一层分解必须100%表示上一层元素的工作;可以随着项目进展而持续改进。大型工程项目WBS 的表示一般采用图3-1 所示水平树状图形式。

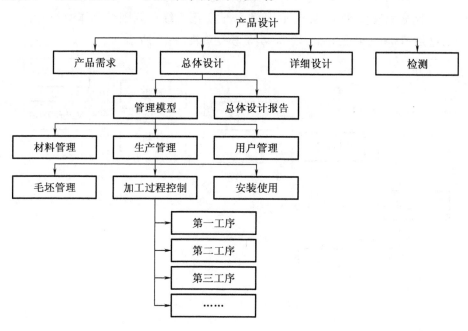

图3-1 WBS 工作包模型

以团队为中心,自上而下与自下而上充分沟通,一对一分别交流与讨论,分解单项工作。

WBS 最低层次的项目可交付成果称为工作包(Work Package),其具有以下特点:

①可以分配给另一位项目经理进行计划和执行；

②可以通过子项目的方式进一步分解为子项目的 WBS；

③可以在制订项目进度计划时，进一步分解为活动；

④可以由唯一的部门或承包商负责。

工作包用于在组织之外分包时，称为委托包（Commitment Package）。

工作包的定义应考虑 80 小时法则或两周法则，即任何工作包的完成时间应当不超过 80 h。在每个 80 h 或少于 80 h 结束时，只报告该工作包是否完成。通过这种定期检查的方法，可以控制项目的变化。

3.2.3　WBS 技术在系统中的实现

WBS 在海工装备项目管理中是以计划的多级划分来实现的。类似于标准的计划分解，即里程碑计划、大日程计划、中日程计划、两月计划和三周计划。

WBS 技术在海工装备项目管理中的应用实例如下。

以 WBS 技术在上海外高桥造船有限公司自升式钻井平台的设计建造中的应用为例，在本海工装备项目管理中，一级计划就是项目级计划，也就是当前在建项目或者企业共有多少个在建项目。二级计划就是设计计划、建造计划等。三级计划就是建造过程中各个分段的划分。在这里可以看出，不同的二级计划，其最后的计划级别是不同的，因为不同的二级计划意味着工作的复杂程度不同，需要划分的详细程度也是不同的，所以有些可能只需要划分为四级计划就足够详细了，有些则需要划分为五级计划才可以。第四级计划就是分段的再次划分，比如舾装作业、涂装作业、管系作业。第五级计划则是具体的作业，也可以成为工作包，这是 WBS 的最低层次。WBS 实例模型如图 3 - 2 所示。

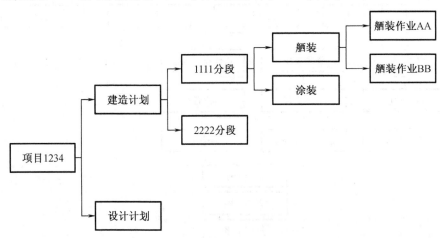

图 3 - 2　WBS 实例模型

3.3 组织分解结构关键技术研究

3.3.1 OBS 技术研究

OBS 是关于项目内部组织如何进行分工、分组和协调合作的结构图,不直接涉及组织要素与其母体组织或其他外部结构的关系,一般用与 WBS 相似的方法构建。在组织分解结构中,主要考虑工作专门化、部门化、命令链、控制跨度、集权与分权、正规化等六个关键因素。把项目组织分解单元作为它的主要组织要素,重复该程序直到确定出最底层的组织分解结构要素。这些要素一般为基本的工作团体、专业或那些小项目中执行工作的个人。

一般 OBS 包含三项主要内容:一是为企业设计能够有效控制和协调企业内部权力、责任和资源分配的正式组织结构;二是为企业构造作为组织管理和决策过程基础的正式信息交流渠道和非正式信息交流渠道;三是为组织建立组织文化和组织管理规则。而在项目管理中,组织结构分解又不完全等同于传统意义上的组织结构设计,而是以项目分工的形式重新设计分工小组,小组成员是从传统的管理部门中抽调出来的。另外,设计好的分工小组,可能需要一段时间的实际检验,才能确定是否是最佳的组织分解方式;或者需要再设计和重组,并采取手段使之顺利过渡到新的状态。

3.3.2 OBS 技术设计、建模

组织结构分解的原则:

①使分解后的各个组织在公司整体经营目标下能够充分发挥自己的能力并达成各自的目标;

②进行组织结构的分解需要详细了解企业业务和项目管理工作内容;

③组织结构分解的跨度和层次要适当,不然会造成冗杂并影响工作效率;

④处理好管理人员和执行人员的关系;

⑤组织结构分解要权责明确、分工明确,不能使项目中的工作内容有纰漏、重复或者互相推诿的现象;

⑥组织结构的分解要秉承能简则简的原则;

⑦组织结构的分解要有一定的弹性,能够适应各种环境的变化。

对于海工企业,由于海工装备项目的特殊性,又因为企业中往往不只有海工装备项目这一种产品,所以若要科学地对海工企业的组织结构进行分解,需划分为项目维度和行政维度两个维度的组织结构。原理类似于项目管理中的原理,即从传统的部门中抽调相关人员组成项目维度中所分解出的组织。具体组织结构分解模型的建立如图 3-3 和图 3-4 所示。

3.3.3 OBS 技术在系统中的实现

组织分解结构可以设定在支撑系统的基础信息库中,在其他需要应用到 OBS 的管理中对于 OBS 的使用可以通过接口来实现数据流通,进而获取到组织结构和人员的数据信息。

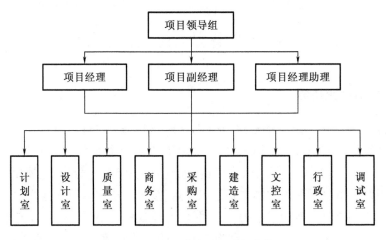

图 3 - 3　项目维度组织分解结构

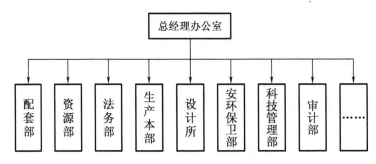

图 3 - 4　行政维度组织分解结构

3.4　企业项目结构关键技术研究

3.4.1　EPS 技术研究

EPS 即企业项目结构,是从企业的角度将项目分解成若干部分,表现了企业现在的项目组织形式。这种结构不一定是现实项目的真实反映,为了将企业的项目结构清晰地表达出来,可以按照常规的项目分类方法,即将单独项目划分为一个项目。同时,也可将项目再分解为单位工程、单项工程,甚至于按阶段将某一复杂项目分解为若干个独立阶段。划分的目的,主要是在费用汇总的时候,能够将该项目的资源使用情况及其他需要汇总的信息清晰地表现出来。由于所有的分项目都是在公司/单项目的基础上进行划分的,因此需要能够从下而上地反映出企业的资源消耗情况,也为决策者提供了决策依据和分析材料。

3.4.2　EPS 技术设计、建模

在对企业项目结构充分了解的前提下,对国内海工企业进行调研后,借鉴其他行业的相关经验,提出了四层结构的企业项目结构模型,即集团、区域、分公司、项目组。

EPS 的划分,我们主要考虑两个方面:一是数据汇总的方便;二是权限分配的问题。前

者反映了企业层层汇总的主流方式;而后者则与 OBS 的高层次节点相对应,以便 OBS 分配权限。总的来说,前者解决了企业汇总的主流方式,对于非主流汇总方式可以通过设置资源代码类的方法来实现汇总;对于后者,则应在 OBS 结构中进行调整,使之与 EPS 对应。EPS 建模如图 3 - 5 所示。

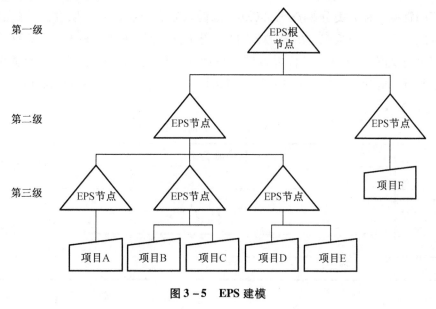

图 3 - 5 EPS 建模

3.4.3 EPS 技术在系统中的实现

在管理系统中,有关 EPS 的划分具体体现在两个方面:一是针对上述 EPS 模型中的分公司级别所属项目的划分清晰,在管理系统中各项目相互独立并且可以自由切换,各项目数据可以单独汇总;二是项目的权限会根据不同级别进行汇总,不同级别的账户只能查看和统计比自身级别低的层级的数据。

3.5 资源分解结构关键技术研究

3.5.1 RBS 技术研究

当一个项目的组织分解人员将项目的工作分别分配给项目团队或项目组织的某个群体或个人以后,项目管理还需要使用这种项目分解结构去说明在实施这些工作中有权得到资源的情况及项目资源的整体分配情况。

资源与其他费用不同,有些资源是以时间为基础的,通常可以在多个作业或项目中扩展;其他费用是作业所需的不可重复使用的一次性开支。如果处于项目的计划阶段要查看某些分配对进度的影响,则可以将角色分配作为资源分配的临时替代者。角色是项目人员的职称或技能,代表具有某种技能等级的资源,而不代表特定个体。角色也可以分配到特定资源,进行异步识别该资源的技能。

3.5.2 RBS 技术设计、建模

首先定义完成企业项目结构内包含的项目所需的所有资源。为各资源设置可用量限值、单价、日历,来定义其标准工作时间与非工作时间。定义班次,并将一个或多个班次应用到使用的资源。按大类分组资源,以便再将资源分配到项目时可以方便地找到特定资源。要分组与汇总整个组织中的资源,需设置资源分类码,并分配码值。使用该信息来生成资源报表与概况,分析资源分配并调整项目计划,避免造成资源超额分配及资源使用出现高峰值与低谷时期。项目活动的资源分解结构可以用表 3 - 1 所示的资源矩阵来描述。

表 3 - 1 项目活动的 RBS

工作	资源需求量				相关说明
	资源一	资源二	资源三	资源四	
活动一					
活动二					
活动三					
活动四					

3.5.3 RBS 技术在系统中的实现

在项目管理系统中,结合海工企业的实际生产情况,将资源初步划分为以下九类,即人员、起重设备、场地、关键资源、运输设备、生产设备、舾装设备、生产辅助设备及其他设备。在计划编制过程中,每条计划与相关资源对应,在派工单管理中还会涉及人员的使用情况。

3.6 成本分解结构关键技术研究

3.6.1 CBS 技术研究

海洋装备项目成本分解结构是对项目费用的逐级分解,在海洋装备项目全生命周期发挥重要的作用,其中在项目报价和施工建造过程中对成本管理的效果最为显著。其主要作用如下:

①将项目各相关部门通过费用使用情况联系起来,便于各部门进行沟通;

②通过该结构可以指导施工组织管理,确定目标成本和计划成本,编制成本计划、实施成本控制和进行指标数据积累,积累的指标数据又能辅助成本测算和成本计划的编制;

③在成本分解结构的基础上结合企业历史积累数据,能够在较短的时间内相对准确地进行成本估算,辅助企业做出更符合企业利益的决策;

④通过对项目成本进行逐级分解,得到目标成本,为成本管理提供目标值和考核依据;

⑤通过成本分解结构得到一个清晰明确的树形成本结构,便于实现成本动态控制。

3.6.2　CBS 技术设计、建模

成本分解结构方法比较多,比较常用的有类比法、自上而下法和自下而上法。类比法是以一个类似项目的 CBS 模板为基础,制订本项目的成本分解结构。其特点是快速便捷,但不适用于新型项目,因而在海洋平台项目中用得不多。自上而下法是从海洋装备项目的总成本出发,在总成本确定的情况下对整个项目逐级分解,从而得到各阶段成本。自上而下法多用于成本计划编制过程中。自下而上法是由最小的工作包所需成本算起、逐级累加得出项目总成本的,多用于成本估算。但无论采用哪种方法,成本分解都要做到分解结构100%包含所有工作,成本分解结构一般也都以作业分解结构为基础。

3.6.3　CBS 技术在系统中的实现

成本结构分解在不同的阶段一般会采用不同的方法,如在报价、签订合同阶段,会采用自下而上的分解,结合企业积累的数据、作业分解结构和企业自身情况估算出海洋装备项目的成本进行报价。而在成本计划编制阶段,一般采用自上而下的分解结构,再次以上海外高桥造船有限公司自升式钻井平台的设计建造为例,结合 WBS 进行成本结构分解,如图 3 – 5 所示。

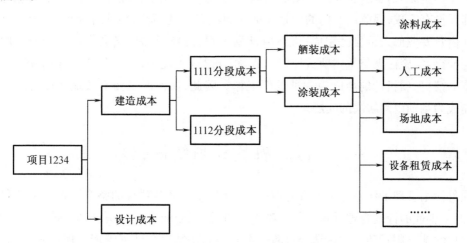

图 3 – 5　CBS 示意图

第4章　海工项目进度管理计划编制技术研究

目前,制约我国海工装备产业发展的关键技术有很多,其中海工项目管理技术是共性技术之一。在海工项目管理中,进度管理是极为关键的一环,一旦进度滞后,交付延迟,将面临严重的罚款,同时企业形象也会受到影响。由于国内海工企业的发展多处于起步阶段,海工项目管理技术经验缺乏,加之海工项目又具有建造难度大、交货期紧的特点,因此常常无法按时交付产品,大大削弱了国内海工企业的国际竞争力。项目进度管理包含两个主要阶段:计划编制和计划控制。其中计划编制是进度管理的基础,没有合理均衡的项目计划,项目的执行必将混乱不堪。通过对国内典型海工企业调研发现,项目计划编制也正是困扰企业的一大难题。

在计划编制过程中,企业常常陷入两难境地:如果计划编制工作由专门的项目计划人员来完成,则需要计划编制人员经验丰富,掌握各专业的知识,实际上这类人才是不多的,且计划工作量庞大,多数企业为了缩短工期,往往是一个项目已经开始建造,项目计划编制的工作还没有完成,因此由专门的计划人员编制项目计划不符合实际情况。如果计划编制的工作由各专业的人员自己完成,最终由计划工程师进行汇总,又会出现各专业之间相互脱节与冲突,实施计划与整体项目计划脱节,相互之间不能验证,实际执行计划和项目计划两层皮的情况,项目计划会成为一种纸面工作。因此,如何准确而高效地完成海工项目计划编制成为当前亟须解决的问题。

4.1　海工项目计划编制技术

项目计划管理工作是海工项目管理中的关键一环,贯穿项目的整个过程。依托科研课题,对海工企业的计划管理过程进行了深入调研,海工企业管理方法区别于传统造船企业,采用典型的项目制管理。本章结合对两个企业的调研结果和计划管理的理论知识,总结出海工项目计划管理的共同点,并从中找出制约我国海工企业计划管理水平的关键因素,进而确定本书要解决的关键技术问题。

4.1.1　海工项目五级计划体系

海工项目是典型的 EPC 总承包项目,为了降低管理难度,海工企业普遍建立了五级计划体系。

1. 一级计划

一级计划又称为里程碑计划,是以投标计划或合同节点为指导,结合企业在建项目的大型资源计划(如龙门吊),确定的设计、采购、建造、调试、交付等大的节点计划。

在制订一级计划时需由项目管理部门提供项目合同中与周期或计划有关的描述或条款,设计部门根据技术规格书,提供总体设计周期与发图日期等;生产部门提供生产建造周期,包括开工日期、合龙开始日期、下水日期、大合龙日期、主机负荷试验完成日期、推进器安装日期、试航日期、交付日期等;采购部门提供主要设备的到货日期和第一批材料的到货日期。计划管理部门综合以上因素并结合在建项目的资源计划(如龙门吊),进行综合评估后形成本项目的一级节点计划,在征得项目经理和各部门经理同意签字后提交高层审批。

2. 二级计划

二级计划主要根据里程碑计划、建造方法和建造阶段制订各部门的指导计划。

设计部门提供基础设计、详细设计、生产发图的周期和起始日期;采购部门提供主要设备和材料的到货日期;生产部门确定建造场地并提供各大模块(如上下船体)的钢结构建造周期、下水前舾装周期和调试周期等。计划管理部门综合各部门给出的信息,对冲突的计划进行协调和调整,各方确认签字后下发给各部门进行分解,形成本部门的三级计划。

3. 三级计划

三级计划是依据专业和阶段对二级计划的进一步分解,一般企业将三级计划作为与船东交互的接口,也是部门绩效考核的参考。

在制订三级计划时,首先要结合计划管理部门提出的二级计划进行分层细化,各部门确定自己的建造生产计划。计划管理部门结合各部门提出的三级计划,形成汇总计划表提供给船东进行审核。经各方审核通过后,项目计划管理部门下发并明确各部门三级计划内容。在项目执行过程中,项目管理领导按照三级计划进度考核各部门进展情况。

4. 四级计划

四级计划是项目的详细执行计划,需要细化到作业项,并以作业项作为基本单位进行作业排序、资源和工时等的估算。四级计划覆盖项目的全生命周期,项目计划的关键路径也在四级计划中得以体现。

制订四级计划的前提是设计部门已经具备详细的图纸列表和设备列表,明确了设备布置图和分段划分图。制订计划时,设计部门、采购部门和生产部门的相关计划工程师需要在计划管理部门的组织下相互沟通,密切配合,对建造模式、发图模式、合龙顺序等达成共识,计划管理部门按照图纸、材料、施工、调试的过程对计划进行总体匹配,对有冲突的部分相互包容,互相调整,以达到整体计划的最优化。四级计划由项目经理和计划管理部门共同签字确认,各部门经理对本部门的四级计划进行签字确认,对业务有关联的计划需要相关部门经理共同签字,如设计部门的发图计划需要生产部门签字确认。

5. 五级计划

五级计划是对四级计划的阶段性划分,一般分为以月为单位的月度滚动计划和以周为单位的周计划。

另外,在五级计划编制完成后,在整个项目计划中存在一条决定项目工期的关键路径。关键路径是整个项目计划网络中最长的路径,关键路径上的作业称为关键作业。在项目执行过程中,项目是否拖期是由关键路径上的作业决定的,因此管理者主要关注关键路径与关键作业。当项目进度发生滞后时,通常用调整压缩关键路径和关键作业的方法来达到工期调整的目的。过滤出关键作业之后,在网络图中使用逻辑跟踪功能从完工或不能满足进度要求的里程碑点开始逆向对关键作业本身及其相互逻辑关系仔细地加以分析,用合理的方法进行调整从而达到压缩进度的目的。

五级计划体系的划分使不同层级的管理者能够专注到其职责所需关注的部分,关键路径使管理者将精力主要放在少数的关键作业上,进而实现对项目进程的控制,降低了管理的难度。

4.1.2 海工项目计划编制关键技术分析

项目的计划编制原则上是"自上而下"的过程,不过由于我国很多海工企业仍然处于起步阶段,其中某些企业在计划编制时将一级、二级计划先编制出来,供各个职能部门作为参考。各个职能部门在此基础上编制四级计划,然后在四级计划的基础上向上汇总得到三级计划,向下分解得到五级计划。无论采取哪种方式,各级计划都应该环环相扣,不能脱节,更不能起冲突。

在计划编制过程中,实现各层级计划工作逐层分解和相互关联的技术是 WBS,而要从项目的网络计划中得到关键路径,必须完成两个过程:排列作业顺序,即添加作业间的逻辑关系;估算作业的工期/工时。

1. 海工项目作业分解

(1)海工项目作业分解结构

典型海工项目 WBS 如图 4-1 所示。

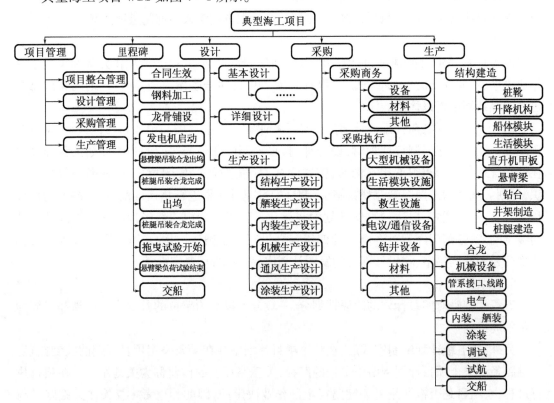

图 4-1 典型海工项目 WBS 示意图

海工项目作业分解是识别和分析项目可交付成果和相关工作的过程。海工项目作业分解的依据是项目章程、工作范围说明书、企业的组织结构及建造方法。海工项目作业分解需要项目经理组织跨专业、跨部门的有经验的专家共同参与,确定分解方式。海工项目作业分解结构分解方式有多种,主要有按照产品的物理结构分解、按照产品或项目的功能分解、按照实施过程分解、按照项目的地域分布分解、按照部门分解等。在海工项目作业分解实施的过程中,经常结合多种分解方法,从而降低项目管理的难度。确定分解方式之后,自上而下逐层分解,分解时应在各层次上保持项目内容的完整性,不重复,不遗漏。

下面以图 4-1 所示的典型海工项目为例进行分析。

WBS 的第一层用大的职能模块来覆盖项目总体的工作范围,包括设计、采购、生产和项目管理。同时为了更好地体现整个项目的时间安排,增加了主要节点。

WBS 的第二层主要以工作阶段来划分,这些阶段覆盖了项目所有的可交付实体和工作。设计部分按照设计流程来做,分成基础设计、详细设计和生产设计;采购具体流程分成采购商务和采购执行,其中采购商务主要解决的是合同签订之前的事宜,采购执行主要解决的是合同签订之后过程跟踪的工作;生产可以划分为结构建造、合龙、管线安装、机电设备安装、内装及舾装、涂装、调试、试航和交付;项目管理按照企业管理模式一般分解为项目整合管理、设计管理、采购管理和生产管理;里程碑部分直接将各个里程碑节点加上即可,不需要再进行下一步分解。

WBS 的第三层的分解方式不统一。设计部分主要是以专业进行划分,包括船体、管路、电气、机械、舾装、涂装等;采购部分分为设备、材料和其他采购内容;生产部分主要是以结构进行划分,如自升式钻井平台结构建造部分可以划分为桩靴、升降机构、主船体、生活模块、直升机甲板、悬臂梁、钻台、井架和桩腿。

WBS 的第四层是继续分解得到的工作包,如钢料加工,管、舾件制作。

WBS 的第五层是工作包中包含的工作项。

(2)WBS 编码

在获得 WBS 之后,可以直观地看到项目可交付实体和工作项的层级和映射关系,若要实现项目进度信息依据 WBS 进行汇总,需要对 WBS 进行编码。不同的企业 WBS 编码规则不尽相同,但统一的思想都是以项目的特征代码、WBS 元素英文缩写、分割符和流水号相结合对 WBS 进行编码。企业只需要建立统一的编码体系,实现 WBS 元素与编码的唯一性映射即可。

图 4-2 所示为某典型海工企业设计的 WBS 编码体系。WBS 编码的第一项为项目的特征代码。特征代码可以包含多个,如项目类型、项目立项年份、项目编号,在编码时如以项目编码就可以实现项目的区分,单独使用项目编码即可;第二项、第三项和第四项是 WBS 元素的英文缩写,如设计(Design,D),详细设计(Detail Design,DD),船体专业详细设计(Hull Structure,HS);第五项可用 1 或 2 位数字表示(流水号);第六项是作业代码,用英文字母与数字相结合来表示。

2.关键路径

在计划工程师进行计划编制时,通常是先将 WBS 编制出来,进而在 WBS 的最下级节点上添加作业项,然后进行作业排序,即添加作业间的逻辑关系和估算作业的工期/工时,从而可以得到整体计划的关键路径。

码位	1	2	3	4	5	6	7	8	9	10	11	12	13	14	15	16	17	18	19
编码划分		WBS第六项																	
			WBS第五项																
				WBS第四项															
					WBS第三项														
						WBS第二项													
		WBS第一项																	
实例	C	1	5	0	1	·	D	·	DD		·	H	·		10		·	D1000	
解释	客户类	立项年		项目编码流水号		分隔符	设计	分隔符	详细设计		分隔符	船体	分隔符		WBS编码流水号		分隔符	作业代码	

图4－2　WBS编码示意图

（1）排列作业顺序

通过逻辑关系的添加，可以消除作业之间的冲突和因等待而造成的时间浪费，使项目的执行有条不紊，计划更加切实可行。

除了项目开始和项目结束这两项之外，中间任何一项任务都应该至少包括一项紧前作业和一项紧后作业。在排列作业顺序的过程中，可能会在作业与作业之间设置延时，这可以提高计划的稳定性。

排列作业顺序的技术和方法有多种，比较常用的一种是紧前关系绘图法（PDM），用节点表示作业，用一种或多种逻辑关系连接作业，以显示作业的实施顺序。PDM包括四种依赖关系或逻辑关系。紧前作业是在进度计划的逻辑路径中，排在非开始作业前面的作业。紧后作业是在进度计划的逻辑路径中，排在某个作业后面的作业。这些关系的定义如下，并如图4－3所示。

完成到开始（FS），只有紧前作业完成，紧后作业才能开始的逻辑关系。例如，只有建造（紧前作业）完成之后，调试（紧后作业）才能够开始。

完成到完成（FF），只有紧前作业完成，紧后作业才能完成的逻辑关系。例如，只有建造（紧前作业）完成之后，舾装（紧后作业）才能够完成。

开始到开始（SS），只有紧前作业开始，紧后作业才能开始的逻辑关系。例如，开始钢板切割（紧前作业）之后，才能开始切割精度的测量（紧后作业）。

开始到完成（SF），只有紧前作业开始，紧后作业才能完成的逻辑关系。这类关系在海工项目中很少出现。

在定义各项任务的顺序时，需要考虑清楚以下四种依赖关系。

①强制性依赖关系。强制性依赖关系往往跟客观条件有关，如工艺次序。在海洋工程项目中，只有在分段建造完成之后才能进行分段舾装。这种强制性的依赖关系又称作硬逻辑关系。

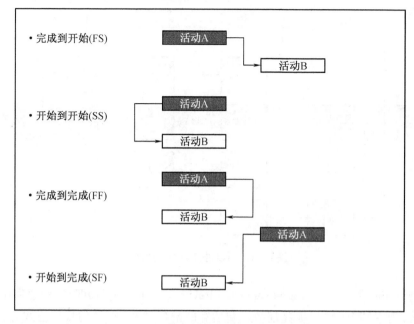

图4-3　PDM 的四种逻辑关系示意图

②选择性依赖关系。在项目任务执行的过程中,除了我们采用的最优的顺序之外,还有一种甚至多种顺序可用,那么我们就要基于实际情况选择最合理的。通常,对于海洋工程项目来说,逻辑关系的链接一定要从硬逻辑关系入手,在确保硬逻辑关系没有问题的情况下再去考虑软逻辑关系。同时,应该最大限度地用到 FS 型逻辑关系。

③外部依赖关系。这种依赖关系往往不在项目团队的控制范围之内。例如,建筑项目的现场准备,可能要在政府的环境听证会之后才能开始。这种时候需要提前确认外部任务的进展状况。

④内部依赖关系。内部依赖关系是项目作业之间的紧前关系,通常在项目团队的控制之中。例如,只有在平台建造完成之后,才能进行调试,这是一个内部的强制性依赖关系。

把所有任务间的依赖关系(逻辑关系)应用 PDM 法确定完成后,就得到了一张展示项目各个任务间逻辑关系的项目进度网络图。任务间的关系还可以在目前的四种基础上适当变化,增加提前量与滞后量,以便于更加精确地描述任务间的关系。利用时间提前量,可以提前安排后续工作。如图4-4所示,从 H 开始到 I 开始有10天的滞后量,从 F 完成到 G 开始有15天的滞后量。

(2)估算作业的工期/工时

国内多数海工企业尚未建立工时定额库,任务的工期/工时是根据任务的工作范围、任务所需要的资源和资源数量等估算所得。通常在项目管理中需要最有经验的人或者小组来估算任务的工期。同样,对于任务的工期估算我们也有以下几种方法。

①专家判断。虽然企业尚未建立定额库,但是各个专业有经验的工程师可以对各作业的工期/工时给出大致的区间,相当于一个个活的定额库。

②类比估算。类比估算是指从过去相似项目中获取相关作业,通过参数(数量、质量等)对比,得到作业的工期/工时。这种方法比较快捷,但是精确性不高。

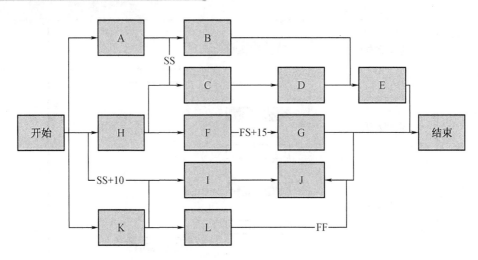

图 4-4　项目进度网络示意图

③计划评审技术(Program Evaluation and Review Technique,PERT)。考虑到任务的不确定性和风险,利用 PERT 可以提高任务工期估算的准确性。PERT 的计算公式有很多种,最常用的是基于三角分布和贝塔分布的两个公式:

三角分布 $$t_E = (t_0 + t_M + t_P)/3 \tag{4-1}$$

贝塔分布 $$t_E = (t_0 + 4t_M + t_P)/6 \tag{4-2}$$

以上两式中,t_0、t_M、t_P 分别代表最短的工期/工时、最可能消耗的工期/工时和最长的工期/工时。

4.1.3　海工项目计划编制问题研究

海工项目的五级计划体系使得不同管理人员从不同层级上对项目进行管理;WBS 可以是项目的计划和实际进度信息通过 WBS 进行汇总,将五级计划有机地贯穿起来;项目网络计划的关键路径使管理者可以将影响项目工期的关键作业从上万条作业中筛选出来。这三者相结合,能够显著提高海工项目的进度管理水平。然而,由于海工项目具有单件或小批量生产,EPC 总承包合同,项目工作跨专业、跨部门甚至跨企业等特点,界面接口复杂,因此海工项目作业分解的难度极大。

另外,大多数海工项目计划工程师在编制计划时,未能形成正确的逻辑关系连接方法,往往为省事而放弃作业间本质的逻辑关系。由此而导致识别不出正确的关键路径或者关键路径不符合实际情况。

海工项目作业分解和作业排序还有一个共同点是工作量巨大,耗费计划工程师大量的精力和时间。当海工项目作业分解到作业项的粒度时,作业项数以万计,原则上除了开始作业和结束作业,每一个作业都至少有一个紧前作业,由此其逻辑关系的数量较作业项本身的数量又将倍增。

显然要想提高海工项目计划管理水平,有必要针对海工项目作业分解问题和作业排序问题进行研究。

4.2 基于模块化神经网络的海工项目作业分解方法

目前,海工项目的进度管理逐渐得到重视,然而根据对典型海工企业的调研发现,企业的进度管理实施情况并不理想。进度管理的基础是编制一个合理均衡、便于项目控制的项目计划,而计划编制的基础是海工项目作业分解结构的制订。海工项目作业分解和作业项添加是典型的跨专业、跨部门工作过程,而且包含许多隐性知识,往往耗时耗力,还容易出现错误。因此,如何有效地进行任务分解是一个极有意义的研究课题。

海工项目作业分解和作业项添加可以看作一个隐含了对以往案例的学习决策过程,人工神经网络在构建基于案例学习的决策支持专家系统方面具有良好的表现。本章针对海工项目工作分解结构进行建模,运用人工神经网络技术来实现工作分解结构,从而达到降低计划编制工作量的目的,以此来协助计划工程师编制出合理的计划。

4.2.1 海工项目 WBS 模型

项目 WBS 因项目类型、项目管理方式的不同而不同,海工项目普遍采用的分解原则有项目流程阶段与功能系统相结合、项目流程阶段与专业相结合等。无论采用哪种分解原则,其结果都是分解成满足 100% 原则的多层级有向映射结构,该结构可以用统一的数学模型来描述。典型的海工项目 WBS 如图 4 – 5 所示。

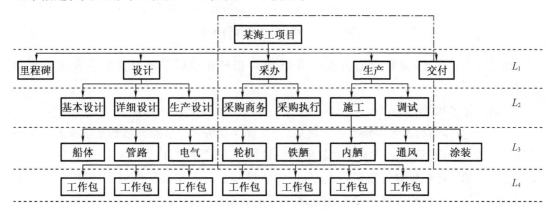

图 4 – 5 海工项目 WBS 示意图

1. WBS 等效邻接矩阵

图示分解结构可采用有向无环图 $G = (V, E)$ 进行描述,$V = (v_1, v_2, \cdots, v_n)$ 是节点集合,代表项目分解结构的节点元素;$E = (e_1, e_2, \cdots, e_m)$ 是边的集合,代表节点间的分解关系。该有向图可以由 G 的等效邻接矩阵 $A = (a_{ij})_{n \times n}$ 表示,其中

$$a_{ij} = \begin{cases} 1 & v_i v_j \in E(G) \\ 0 & v_i v_j \notin E(G) \end{cases} \quad i, j = 1, 2, \cdots, n \tag{4 – 3}$$

$a_{ij} = 1$ 代表节点 v_i 可以分解为 v_{ij},$a_{ij} = 0$ 代表节点 v_i 不可以分解为 v_{ij}。图 4 – 5 虚线框内结

构的有向图如图 4 - 6 所示,其等效邻接矩阵如图 4 - 7 所示。

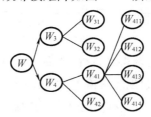

图 4 - 6   WBS 有向图

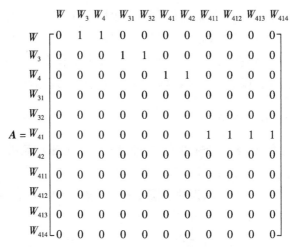

图 4 - 7   WBS 等效邻接矩阵图

通过以上过程,以树形结构表示的 WBS 就可以转化成以等效邻接矩阵表示的数学模型。

2. 层次化 WBS 元素模型

在 WBS 整体结构的数学模型建立之后,还需要建立每一个节点元素的数学模型。在海工项目 WBS 中,前三层的 WBS 元素数量很少且划分方式固定,可以由有限的元素集合表示。第四层的工作包包含的数量很大,且不同项目包含的工作包变化很大,但是每一个工作包都可看作可交付物与对其执行的工序两者的有机结合,例如:电机安装可以看作电机和安装的组合。用 $D = (D_1, D_2, \cdots, D_m)$ 表示项目包含的所有可交付物的集合,所有工序的集合用 $F = (F_1, F_2, \cdots, F_n)$ 表示,则所有 WBS 的元素都可以由 $D = (D_1, D_2, \cdots, D_m)$ 与 $F = (F_1, F_2, \cdots, F_n)$ 中的元素结合表示出来。

定义 **R - Matrix** 是 m 维行向量 $\boldsymbol{D} = (D_1, D_2, \cdots, D_m)$ 与 n 维列向量 $\boldsymbol{F} = (F_1, F_2, \cdots, F_n)^T$ 的乘积得到的 $m \times n$ 矩阵。**R - Matrix** 中共有 $p = m \times n$ 个元素,如果 $(P_1, P_2, \cdots, P_p)$ 中某个元素 P_{ij} 可以作为项目范围内的 WBS 节点,则令 $P_{ij} = 1$,否则 $P_{ij} = 0$。由此,本书提出海工项目作业分解结构(OPWBS)的定义如下:

$$\text{OPWBS} = (L_1(S_i), L_2(C_i), L_3(P_i), L_4(\boldsymbol{R} - \text{Matrix})) \tag{4 - 4}$$

其中 $L_i(i = 1, 2, 3, 4)$ 是 WBS 元素所在层的编号;S_i、C_i、P_i 分别是所在层的元素集合;$\boldsymbol{R}$ - Matrix 是第四层元素的关联矩阵。

这里给出一个关联矩阵实例,假设某桩腿结构属性可划分为 D_1—管线,D_2—牺牲阳极,D_3—导轨板,D_4—水字;某舾装职能属性又可划分为 F_1—预制,F_2—安装,F_3—焊接,F_4—试压。则关联矩阵如图 4-8 所示。

$$\boldsymbol{R}-\text{Matrix} = \begin{array}{c} \\ F_1 \\ F_2 \\ F_3 \\ F_4 \end{array} \overset{\begin{array}{cccc} D_1 & D_2 & D_3 & D_4 \end{array}}{\begin{bmatrix} P_{11} & P_{12} & P_{13} & P_{14} \\ P_{21} & P_{22} & P_{23} & P_{24} \\ P_{31} & P_{32} & P_{33} & P_{34} \\ P_{41} & P_{42} & P_{43} & P_{44} \end{bmatrix}}$$

图 4-8　$\boldsymbol{R}-\textbf{Matrix}$ 示例图

在该关联矩阵中,P_{13}导轨板预制、P_{14}水字预制、P_{21}管线安装、P_{22}牺牲阳极安装、P_{23}导轨板安装、P_{24}水字安装、P_{33}导轨板焊接、P_{34}水字焊接、P_{41}管线试压均为该实例中包含的 WBS 节点,因此将其赋值 1,其余的赋值 0,则得到关联矩阵的数学形式的矩阵表达:

$$A = \begin{bmatrix} 0 & 0 & 1 & 1 \\ 1 & 1 & 1 & 1 \\ 0 & 0 & 1 & 1 \\ 1 & 0 & 0 & 0 \end{bmatrix} \tag{4-5}$$

4.2.2　建立海工项目域

在进行海工项目作业分解时,计划工程师会参考相似的历史案例,我们将特定领域内的有限项目集合称为项目域。

辨别项目相似度的依据是项目的特征参数,其描述了项目最根本的特点,决定了项目要完成怎样的目标、交付的实体及完成这些目标所需要开展的工作,是计划工程师编制作业分解结构和项目计划时参考的最基本资料。因此,在运用人工神经网络构建项目 WBS 的过程中,项目特征参数是最初始的输入。假设海工项目 p 的特征参数集包含的元素为 $T_p = \{t_j\}$,项目域中包含 n 个类似的项目,那么项目域中包含的特征参数可以写成 $MT = \cup_{i=1}^{n} T_p$。T_p 是 MT 的子集,所以任一项目 p 的特征参数都可以在 MT 中找到。

假设海工项目 p 的 WBS 元素可以分解成的可交付实体和工序的元素集分别为 $D_p = \{d_i\}$ 和 $F_p = \{f_i\}$,项目域中包含 n 个类似的项目,那么项目域中包含的实体元素可以写成 $MD = \cup_{i=1}^{n} D_p$。D_p 是 MD 的子集,所以任一项目 p 的可交付实体元素都可以在 MD 中找到,同理得到工序的项目域元素集 $MF = \cup_{i=1}^{n} F_p$。以项目域中的实体元素作为纵向量,工序作为横向量,每一个交叉点的元素作为 $\boldsymbol{MR}-\text{Matrix}$ 的元素,即可得到 $\boldsymbol{MR}-\text{Matrix}$ 的矩阵。同样对于项目 p,其对应的 $\boldsymbol{R}-\text{Matrix}$ 是 $\boldsymbol{MR}-\text{Matrix}$ 的子矩阵,因此,项目域内 $\boldsymbol{MR}-\text{Matrix}$ 包含了项目 p 所有可能的工序同分解实体的关联关系。

得到 $\boldsymbol{MR}-\text{Matrix}$ 之后,令矩阵中每一个元素是 WBS 等效邻接矩阵中某一行列的元素,即可得到项目域邻接矩阵 $\boldsymbol{MA}$,任一项目 p 的 WBS 元素之间的分解关系都可以在 $\boldsymbol{MA}$ 中找到。

4.2.3 方法设计

基于神经网络构建项目 WBS 的方法详细描述如下。

步骤 1,选择项目域,建立历史数据库。

针对要解决的问题,选择合适的项目域。历史数据库中包含的数据不仅包括项目域内项目的前三层元素集、可交付实体元素集、工序元素集、WBS 关联矩阵及邻接矩阵,还包括项目域特征参数集。这些数据将在建立神经网络模型时作为训练和测试数据。

步骤 2,构建项目特征参数集。

将项目的特征参数构建成参数向量,用向量 $T = (t_1, t_2, \cdots, t_n)$ 来表示。由于项目的特征参数中可能包含字符,在这一步骤中我们需要运用统一的规则将字符形式的特征参数编码,然后将编码转化成二进制的表示形式。例如,某海工项目的特征参数中有"自升式钻井平台",在应用中我们将"自升式钻井平台"统一规定成编码"001",然后以二进制的形式表示"001",最终我们得到的项目特征参数向量的元素均为二进制数 0 或 1。

步骤 3,设计神经网络结构。

本步骤是运用神经网络设计项目——海工项目 WBS 的核心,其作用就是实现项目参数和项目 WBS 的关联,项目参数作为输入,项目 WBS 作为输出,神经网络即是实现输入到输出的非线性处理过程。

单一神经网络由于其强大的非线性逼近能力已经得到广泛的应用,但当面对大规模复杂问题时,其神经网络结构本身固有的缺陷显得尤为突出。其全互连的结构特性,使得单一神经网络的学习在本质上是一次性学习过程。一次学习过程结束后,神经网络对新知识的继续学习会造成对已学得知识的破坏,因此单一神经网络不具有类似人脑的渐进学习特性和可塑性。许多学者基于脑式信息分区处理的事实,将"模块化"的理念引入神经网络的结构设计中来,在更高程度上实现对人脑进行模拟以提升性能。模块化神经网络是人类解决问题时采用"分而治之""集思广益"等策略的具体体现。

海工项目的前三层比较容易得到,无须运用人工神经网络的方法。分解过程中的难点是,从第三层到第四层的分解是根据专业分解成一个个工作包,因此本书根据问题特点,提出一种分层模块化神经网络。模块划分的依据是项目工作包含的各个专业,典型海工项目的专业如表 4-1 所示。

表 4-1 海工项目专业划分表

序号	专业名称	专业编码	英文名称
1	船体	H	Hull Structure
2	管路	P	Piping
3	轮机	M	Mechanical
4	电气	E	Electrical
5	铁舾装	O	Steel Outfitting

表 4 -1(续)

序号	专业名称	专业编码	英文名称
6	生活区舾装	A	Accommodation Outfitting
7	通风	V	HVAC
8	涂装	C	Coating
9	焊接	W	Welding
10	设计工法	T	Techanical Method
11	总体	G	General
12	机械完工证书	MCC	Mechanical Completion
13	子系统预调试	PCO	Subsystem Pre-commissioning
14	系统整体调试	ICO	Integrate Commissioning

由此,本书的神经网络结构每一层都包括 14 个模块,其中第一层每个模块包含 ANND 和 ANNF 两个子模块;第二层每个模块包含一个 ANNR 模块;第三层每个模块包含一个 ANNA 模块。

以其中一个子模块为例,如图 4 -9 所示。其中 ANND 和 ANNF 模块的输入是项目特征参数向量,输出是项目可交付实体和工序元素集,其作用是找出项目包含的可交付实体和工序;ANNR 模块的输入是可交付实体元素集、工序元素集及项目特征参数向量,输出是 WBS 关联矩阵,其作用是找出所有 WBS 节点元素。在得到的关联矩阵中,元素值是介于 0 与 1 之间的连续数值,在作为 ANNA 模块的输入之前,需要做两次转化。第一次转化是运用临界值参数将连续数值转化成 0 或 1,大于临界值的赋为 1,小于临界值的赋为 0。由于神经网络模型的输入和输出都应该是向量的形式,故第二次转化是将关联矩阵转化成向量的形式,转化时将矩阵分割成一个个列向量 C_i,然后将 C_2 置于 C_1 下方,以此类推。最后将转化所得向量与项目特征参数向量一起作为 ANNA 模块的输入。

步骤 4,神经网络训练。

本步骤运用训练样本对神经网络进行训练,通过训练确定神经网络的最优参数。本书运用 Matlab 来对神经网络进行训练和测试,采用常用的多层感知器神经网络结构反向传播算法作为训练算法。

步骤 5,神经网络测试。

本步骤运用测试样例对神经网络进行测试。首先,输入测试样本的特征参数向量,得到项目的 WBS 矩阵;其次,将测试结果与实际 WBS 结果进行比较,计算结果的准确率。

测试时分别计算各模块的准确率和整个神经网络结构的准确率。在计算时,给每个元素赋予三个不同级别的正确值:如果某一元素与本项目实际值相符,则将其正确值赋为 1;如果某一元素与本项目实际值不符,但是与类似项目的实际值相符,则将其正确值赋为 0.5;其余元素的正确值赋为 0。

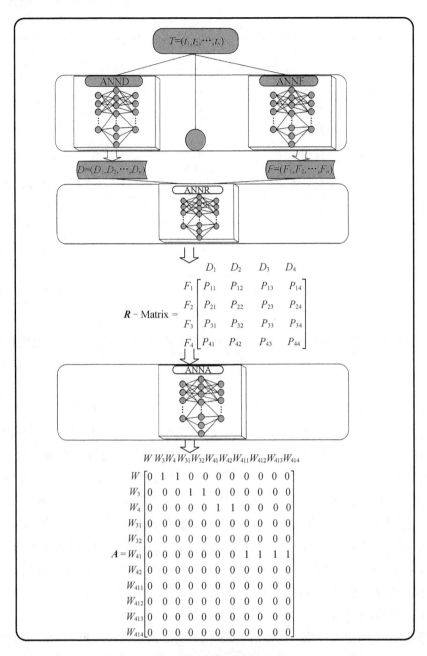

图 4 – 9　模块化神经网络结构图

ANND 和 ANNF 两个模块的准确率计算公式为

$$f_{D/F} = \frac{x \times 1 + y \times 0.5 + z \times 0}{n} \tag{4-6}$$

其中 x、y、z 分别代表计算值与实际值相符、可能相符和不符的个数；n 为项目实际包含的交付实体或工序数，$x + y + z = n$。

ANNR 模块的准确率为

$$f_R = \frac{x \times 1 + y \times 0.5 + z \times 0}{n f_D f_F} \tag{4-7}$$

其中 x、y、z 分别代表计算值与实际值相符、可能相符和不符的个数；n 为项目实际包含的 WBS 节点数；f_D 和 f_F 分别为 ANND 和 ANNF 两个模块的准确率。

ANNA 模块的准确率为

$$f_A = \frac{x \times 1 + y \times 0.5 + z \times 0}{n f_R f_D f_F} \qquad (4-8)$$

其中 x、y、z 分别代表计算值与实际值相符、可能相符和不符的个数；n 为项目实际 WBS 结构等效邻接矩阵包含的非零元素，$x + y + z = n$；f_R 是 ANNR 模块的准确率。

整个神经网络的正确率即为最终输出的正确率

$$f = f_D f_F f_R f_A \qquad (4-9)$$

步骤 6，将神经网络模型用于新项目 WBS 分解。

在训练得到优化的神经网络模型后，运用神经网络构建新项目 WBS 分解，将新项目的特征参数用向量进行表示，作为模型的输入。将模型计算得到的结果用邻接矩阵进行表示，将其中的无效作业删除，即得到本项目 WBS 分解结构图。

4.2.4　实例验证

为了验证该方法运用在海工项目中的有效性，本章以某自升式钻井平台项目为例，进行实例验证。首先构建自升式钻井平台项目域，本书从项目域中选择 30 个项目，其中 20 个作为训练数据，10 个作为测试数据。

项目域的特征参数包含两个部分：一个部分是项目的参数；另一个部分是平台本身的参数。参数的数据类型分为字符串和数值两个部分。由于神经网络的输入和输出均应为向量形式，因此需要将项目域参数用二进制数向量进行表示，形成项目域参数向量。然后将各测试项目的参数对照项目域参数用二进制数向量表示，如果某一参数在测试项目中不存在，则将其赋为空值。因此我们可以得到 30 个维度相同的不同参数向量，作为训练和测试的输入。向量的维度由各参数总的位空间确定。位空间的大小依据项目域中各参数的参数值最大长度设定，如合同类型"EPC"长度为 24 字节，其余合同类型诸如"E"或"C"长度均小于 24，因此设其位空间为 24。数值型的参数值在计算位空间时直接将其最大值转化成二进制数判断长度即可，而中文字符转化成二进制时占位太长，所以我们运用统一编号来表示参数值，然后将统一编码转化成二进制，如主要可交付物为"自升式钻井平台"，其统一编码为"ZP"，则其转化成二进制长度为 16。项目域特征参数如表 4-2 所示。

表 4-2　项目域特征参数表

序号	参数名称	数据类型	位空间
1	合同类型	字符串	24
2	工期	字符串	6
3	成本预算	数值	16
4	项目优先级	数值	8
5	风险值	数值	8

表 4-2(续)

序号	参数名称	数据类型	位空间
6	主要可交付物	字符串	16
7	主要工序	字符串	16
8	WBS 层数	字符串	3
9	作业水深	数值	8
10	主体总长	数值	8
11	宽	数值	8
12	型深	数值	8
13	平台自重	数值	16
14	桩腿总长	数值	8
15	可变载荷	数值	16

经整理,项目域中包含的可交付实体数为 296,用 296 维的列向量 $D = \{D_p\}$ 表示;工序数为 42,用 42 维的行向量 $F = \{F_p\}$ 表示。因此,项目域 WBS 关联矩阵的行数为 296,列数为 42,所包含的 WBS 节点元素为 12 432 个。

ANND 模块和 ANNF 模块的输入层神经元数均为特征参数向量的维度,即 169,输出层神经元数分别为 296 和 42。

对于 ANNR 模块,由于输入元素与输出元素的个数比比值太小,将导致神经网络结构复杂,训练耗时过长,因此,本书采取对 ANNR 输出矩阵进行分割的方法将关联矩阵的每一个行向量作为输出;同时,在每次输入时给输入向量加上一个二进制行号 $r_i (1 \leqslant i \leqslant 42)$,$r_i$ 位空间大小为 6;然后将参数向量 T、可交付实体向量 $D = \{D_p\}$、工序向量 $F = \{F_p\}$ 和行号作为输入向量,所以 ANNR 模块的输入层神经元数为 513,输出层神经元数为 296。神经网络分割过程如图 4-10 所示。

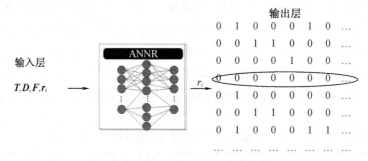

图 4-10　神经网络结构分割图

同理,将 ANNA 模块的输出分割成列向量,在每次输入时给输入向量加上一个二进制行号 $c_j (1 \leqslant j \leqslant 12\ 432)$,$c_j$ 位空间大小为 13。然后将参数向量 T、WBS 元素向量和行号作为输入向量,因此,ANNA 模块的输入层神经元数为 12 614,输出层神经元数为 12 432。综上所述,神经网络模型结构参数和训练算法参数如表 4-3 所示。

表4-3 神经网络模型结构参数表

参数名称	ANND	ANNF	ANNR	ANNA
输入层神经元数	169	169	513	12 614
隐含层数	1	1	1	1
隐含层神经元数	30	15	45	40
输出层神经元数	296	42	296	12 432

神经网络结构设计完成之后,运用训练数据对神经网络进行训练,训练算法及训练参数如表4-4所示。

表4-4 神经网络模型训练算法及训练参数表

参数名称	ANND	ANNF	ANNR	ANNA
训练算法	标准反向传播	标准反向传播	标准反向传播	标准反向传播
训练样本数	20	20	20	20
训练步数	100	30	100	100
学习速率	0.1	0.15	0.05 ~ 0.2	0.05 ~ 0.2

训练过程中准确率与训练次数之间的趋势如图4-11所示。

由图4-11可以看到,神经网络的各个模块都得到了充分的训练,在运用到新项目 WBS分解之前,先通过测试数据对神经网络的有效性进行测试和评估。

经测试,ANND模块的有效性是97.72%,ANNF模块的有效性是98.41%,ANNR模块的有效性是96.24%,ANNA模块的有效性是95.33%,整个神经网络结构的有效性是88.72%。

需要指出的是,本书的训练和测试数据均来自有限的项目资料,当历史资料增加时,其准确性将进一步提高,因此该神经网络模型可以用于新项目的WBS分解。

表4-5为某自升式钻井平台项目的参数及其二进制转化形式,由此可得到项目参数向量 T,T 是 ANND 模块和 ANNF 模块的输入,进一步得到了可交付实体向量 D 和工序向量 F,ANNR 模块的输入是 T、D 和 F 和列号 r_i,由此可得到 WBS 的元素 $\mathbf{RWBS}$ 矩阵。将 $\mathbf{RWBS}$ 矩阵中的非零元素构成的向量 P、参数向量 T 和列号 c_j 输入 ANNA 模块,即可得到本项目 WBS 分解结构等效邻接矩阵。

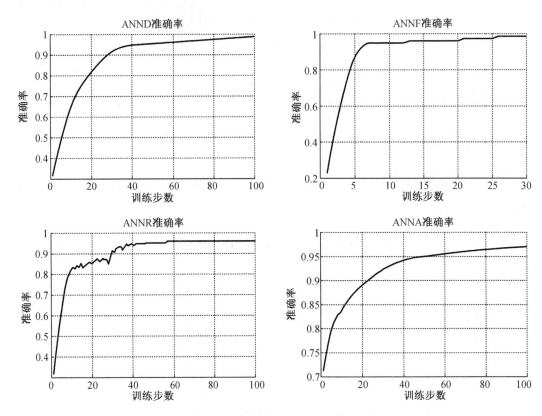

图 4 - 11　神经网络结构训练趋势图

表 4 - 5　项目参数及其转化向量

序号	参数名称	参数值	参数代码	二进制编码
1	合同类型	EPC 总承包	EPC	0100010101010000010000011
2	工期	36 月	36	100100
3	成本预算	*	NULL	0000000000000000
4	项目优先级	*	NULL	00000000
5	风险值	*	NULL	00000000
6	主要可交付物	自升式钻井平台	PL	0101000001001100
7	主要工序	建造	C	0000000001000011
8	WBS 层数	5	5	101
9	作业水深	165	165	10100101
10	主体总长	110	110	01101110
11	宽	100	100	01100100
12	型深	13	13	00001101
13	平台自重	49 060	49060	1011111110100100
14	桩腿总长	241	241	11110001
15	可变载荷	4 800	4800	0001001011000000

表4-6中给出了神经网络模型计算得到的邻接矩阵部分非零元素。

表4-6 邻接矩阵部分非零元素

序号	邻接矩阵行号	邻接矩阵列号	元素名称
1	35	41	预制件建造
2	159	477	铁舾件预制
3	159	478	管系预制
4	159	479	机械件预制
5	159	480	电仪设备预制
6	159	481	通信设备预制
7	390	977	梯子预制
8	390	978	栏杆预制
9	655	1397	管支架预制
10	655	1398	管线预制
11	656	1433	电仪支架预制

将邻接矩阵还原成图形表示的 WBS 分解结构,如图4-12所示。

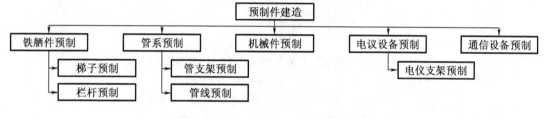

图4-12 实例验证部分 WBS 结构图

4.3 基于 BP 神经网络的作业排序方法

在4.2节,我们运用人工神经网络得到了项目的 WBS 分解结构,使得计划工程师的 WBS 分解工作难度大大降低,效率显著提高,解决了前文中提出的 WBS 分解问题。计划编制的另一个重要的工作是排列作业顺序。海工项目的作业数量数以万计,这些作业涉及多个部门、跨专业,这就对计划人员的知识和经验有很高的要求,计划工程师往往难以完全掌握。因此,作业顺序的排列经常耗时耗力且容易出错,造成生产过程中的冲突和无效等待。

本节针对目前海工项目中普遍存在的作业顺序排列问题,构建问题模型,提出一种神经网络模型来排列作业顺序,得到最初版的作业顺序网络,计划工程师可在此基础上进行修改以得到更加准确和完善的版本,提高工作的效率和准确性。

4.3.1 海工项目作业顺序模型

1. 接矩阵

在海工项目计划编制时涉及四种作业间的逻辑关系,分别为完成到开始(FS)、完成到完成(FF)、开始到开始(SS)和开始到完成(SF)。其中完成到开始(FS)关系对于项目的执行和控制更加有利,在海工项目计划编制时要尽可能多地使用 FS 关系,其比例往往占到80% 以上。因此,本书针对完成到开始(FS)关系进行建模,并运用神经网络模型进行完成到开始(FS)关系网络的搭建。其他关系类型可由相似的方法进行建模和求解,本书不一一赘述。

由于作业之间的 FS 关系也可以抽象成节点与节点之间的有向映射,因此作业排序的完成到开始(FS)关系可以采用有向无环图 $G = (V, E)$ 进行描述,其中 $V = (v_1, v_2, \cdots, v_n)$ 是节点的集合,代表项目的作业;$E = (e_1, e_2, \cdots, e_m)$ 是边的集合,代表各个作业之间的连接关系。$A = (a_{ij})_{n \times n}$ 为 G 的等效邻接矩阵,其中

$$a_{ij} = \begin{cases} 1 & v_i v_j \in E(G) \\ 0 & v_i v_j \notin E(G) \end{cases} \quad i, j = 1, 2, \cdots, n \qquad (4-10)$$

$a_{ij} = 1$ 代表作业 v_i 是 v_j 的前置任务,$a_{ij} = 0$ 代表作业 v_i 不是 v_j 的前置任务。某海工项目的部分完成到开始(FS)关系如图 4-13 所示。

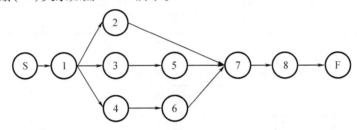

图 4-13　某海工项目的部分完成到开始(FS)关系图

1—船体安装完成;2—LQ 安装;3—悬臂安装;4—MG 负载测试;5—升井架;
6—锁紧装置 MC/EC、PC/C 完成;7—升降装置完成;8—码头边交货

其等效邻接矩阵如图 4-14 所示。

前置	后置							
	1	2	3	4	5	6	7	8
1	0	1	1	1	0	0	0	0
2	0	0	0	0	0	0	1	0
3	0	0	0	0	1	0	0	0
4	0	0	0	0	0	1	0	0
5	0	0	0	0	0	0	0	0
6	0	0	0	0	0	0	1	0
7	0	0	0	0	0	0	1	1
8	0	0	0	0	0	0	0	0

图 4-14　某海工项目的部分完成到开始(FS)关系等效邻接矩阵图

2.项目作业关联矩阵模型

项目作业是项目计划中最基本的单元,与 WBS 节点相比,其命名方式更加规范、统一,往往是一个零部件和对其执行的操作的结合,如在海工项目中常见的"钢材预处理"即可看

作"钢材"与"预处理"的结合。

项目中所有作业的元素都可以用此方法进行分解,得到一个零部件元素集合和一个操作元素的集合,分别用 $D = (D_1, D_2, \cdots, D_n)$ 和 $F = (F_1, F_2, \cdots, F_m)$ 来表示,则两个元素集合可以组成 $p = m \times n$ 个不同的作业。将 D 作为列向量,F 作为行向量,这些作业可以表示成 $P_{n \times m}$ 矩阵,如图 4 – 15 所示。

D	F					
	F_1	F_2	$\cdots$	F_j	$\cdots$	F_m
D_1	p_{11}	p_{12}	$\cdots$	p_{1j}	$\cdots$	p_{1m}
D_2	p_{21}	p_{22}	$\cdots$	p_{2j}	$\cdots$	p_{2m}
$\cdots$	$\cdots$	$\cdots$	$\cdots$	$\cdots$		$\cdots$
D_i	p_{i1}	p_{i2}	$\cdots$	p_{ij}	$\cdots$	p_{im}
$\cdots$	$\cdots$	$\cdots$	$\cdots$	$\cdots$		$\cdots$
D_n	p_{n1}	p_{n2}	$\cdots$	p_{nj}	$\cdots$	p_{nm}

图 4 – 15　项目作业关联矩阵图

4.3.2　建立海工项目域

在进行作业排序时,计划工程师会参考相似的历史案例,我们将特定领域内的有限项目集合称为项目域。

假设海工项目 p 的作业可以分解成的零部件和操作的元素集分别为 $D_p = \{d_i\}$ 和 $F_p = \{f_i\}$,项目域中包含 n 个类似的项目,那么项目域中包含的实体元素可以写成 $MD = \cup_{i=1}^{n} D_p$,其中 D_p 是 MD 的子集,所以任一项目 p 的零部件元素都可以在 MD 中找到。同理得到操作的项目域元素集 $MF = \cup_{i=1}^{n} F_p$。以项目域中的实体元素作为纵向量,工序作为横向量,每一个交叉点的元素作为 MP 的元素,即可得到 MP 的矩阵。

项目域内所包含的所有逻辑关系组成项目域邻接矩阵,记为 MA,每个项目包含的作业逻辑关系信息都可以在项目域中找到。

4.3.3　方法设计

基于人工神经网络构建项目作业项之间逻辑关系的方法详细描述如下。

步骤1,选择项目域,建立历史数据库。

第一步应该做的就是根据需要选择适当的项目域,如果我们需要对自升式钻井平台项目的作业进行排序,那么项目域中的项目应该全部或者大部分为自升式钻井平台项目。

历史数据库中包含的数据包括项目域内各项目所包含的可交付实体元素、操作元素及作业关联矩阵和作业顺序邻接矩阵。这些数据将在建立神经网络模型时作为训练和测试数据。

步骤2,构建项目域作业矩阵和 FS 关系矩阵。

将作业项和作业项之间的 FS 关系转换成矩阵的形式,分别记为 MP 和 MA。

步骤3,将矩阵转化成向量。

由于神经网络模型的输入和输出都应该是向量的形式,因此本步骤需要将步骤2得到的矩阵转化成向量的形式。转化过程中,将处于对角线的元素去掉,因为这些元素均为0,不包含任何有效信息。然后将矩阵的第2列放到第1列的下边,以此类推,将第$j+1$列放在第j列的下边。转化过程可由图4-16表示。

步骤4,建立神经网络模型,对神经网络进行训练。

首先建立神经网络的结构,然后通过训练确定神经网络的最优参数。本书运用 Matlab 来对神经网络进行训练和测试,神经网络模型为常用的 BP 神经网络。

步骤5,神经网络测试和评估。

本步骤运用测试样例对神经网络进行测试和评估。输入测试数据,将得到的结果与实际的逻辑关系进行比较。

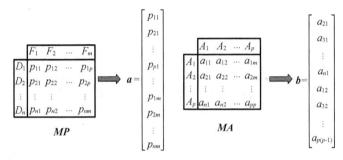

图4-16　矩阵与向量转换图

首先对所得结果进行处理,如果某一作业项根本就不是此项目的作业项,那就将邻接矩阵中其所在的行与列数据删除。然后计算剩余结果总的错误率,如果错误率满足预期,就将此结构运用于新项目作业间逻辑关系的构建;如果不满足,则需要调整神经网络结构模型,直到输出结果满足预期为止。

步骤6,将神经网络模型用于新项目 FS 关系构建。

本步骤运用神经网络构建新项目作业间的 FS 关系,将新项目的作业用 **MP** 矩阵进行表示,然后将矩阵转化为输入向量,将人工神经网络模型计算得到的结果用邻接矩阵进行表示,将其中的无效作业删除,即得到了本项目作业间 FS 关系网络图。

4.3.4　实例验证

本章运用海工项目实例对提出的方法进行验证。首先我们定义一个包含9个作业的项目域,这9个作业分别是1-1号主机采购、2-1号主机安装、3-1号主机调试、4-2号主机采购、5-2号主机安装、6-2号主机调试、7-1号发电机采购、8-1号发电机安装、9-1号发电机调试。由于项目域的任一个非空子集都可以作为一个独立项目,因此包含9个元素形成的项目域有511(2^9-1)个独立子项目,选取其中的30个项目数据作为训练数据,20个项目数据作为测试数据,如图4-17所示。

	序号	P_i	T_i
训练数据	1	[1,1,1;0,0,1;1,0,1]	[0,0,1,1,0,0,0,0,0,0,0,0,0,0,0,0,0,0,0,0,0,0,1;0,0,0,0,0,0,1;0,0,0,0,0,0,0,0,0,0,0,0,0,0,0,0,0,0,0,0,1;0,0,0,0,0,0,1;0,0,0,1;0,0,0,0,0,0,0,0]
	2	[1,0,0;0,0,0;1,0,1]	[0,0,0,0,0,0,0,0,0,0,0,0,0,0,0,0,0,0,0,1;0,0,0,0,0,1;0,0,0,0,0,0,0,1,0,0,0,0,0,0,0,0,0,0,0,0,0,0,0,0;0,0,0,0,0,0,0,0,0,0,0,0]
	3	[0,1,1;0,0,1;1,1,0]	[0,0,0,0,0,0,0,0,0,0,0,0,0,0,0,0,0,0;0,0,0,1,0,0,0,0,0,0,0,1,0,0,0,0,0,0,0,0,0,1,1;0,0,0,0,0,0,0,0,0,0,0,0,0,0,0,0,0,0,0,0;0,0,0,0,0,0,0,0,0]
	⋮	⋮	⋮
	29	[0,0,0;1,1,0;0,0,0]	[0,0,0,0,0,0,0,0,0,0,0,1,0,0,0,0,0,0,0,0,0,0,0,0,0;0,0,0,0,0,0,0,0,0,0,0,0,0,0,0,0,0,0,0,0,0,0,0,0,0,0,0,0]
	30	[0,0,1;0,0,1;0,0,1]	[0,0,0,0,0,0,0,0,0,0,0,0,0,0,0,0,0,0,0,0,0,0,0,0,0,0,0;0,0,0,0,0,0,0,0,0,0,0,0,0,0,0,0,0,0,1,0,0,0,0,0,0;0,0,1;0,0,0,0,0,0,0,0]
测试数据	1	[0,0,1;1,1,1;1,1,1]	[0,0,0,0,0,0,0,0,1,0,1,0,0,0,0,0,0,0,0,1,0,0,0,0,0;0,0,0,0,0,0,0,0,1,0,1,0,0,0,0,0,0,1,0,0,0,0,1,0,0,0,0,0;0,0,0,0,0,0,0]
	2	[1,0,1;0,0,0;0,0,0]	[0,1,0,0,0,0,0,1,0,1,0,0,0,0,0,0,0,0,0,0,0,0,0,0,0,0;0,0,0,0,0,0,0,0,0,0,0,0,0,0,0,0,0,0,0,0,0,0;0,0,0,0,0,0,0,0,0]
	⋮	⋮	⋮
	19	[0,0,1;1,1,1;0,0,0]	[0,0,0,0,0,0,0,0,0,0,1,0,0,0,0,0,0,0,0,0,0,0,0,0,0;0,0,0,0,0,0,0,0,0,0,0,0,0,0,0,1,0,0,0,0,0,0,0,0,0,0]
	20	[1,0,0;1,1,1;1,1,1]	[0,1,0,0,0,0,0,0,0,1,0,1,0,0,0,0,0,0,0,0,1,0,0,0,0,0,0,0;0,0,0,0,0,0,1,0,1,0,0,0,0,0,0,1,0,0,0,0,0,0,0,0,0,0,0;0,0,1;0,0,0,0,0,0,0,0]

图 4 – 17　训练数据与测试数据

　　为了更加形象,以第一个测试数据为例,将其还原成矩阵形式来看其包含的信息,其中作业关联矩阵如图 4 – 18 所示。

D	F		
	$F_1 =$ 采购	$F_2 =$ 安装	$F_3 =$ 调试
$D_1 =$ 1 号主机	1	0	1
$D_2 =$ 2 号主机	1	0	0
$D_3 =$ 1 号发电机	1	1	1

图 4 – 18　作业项关联矩阵图

　　这个测试数据包含 1 – 1 号主机采购、3 – 1 号主机调试、4 – 2 号主机采购、7 – 1 号发电机采购、8 – 1 号发电机安装、9 – 1 号发电机调试 6 个作业,它们的逻辑关系如图 4 – 19 所示。

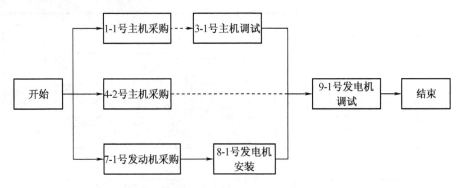

图 4 – 19　作业项 FS 关系图

然后,将训练数据和测试数据转化成向量的形式,以第一项测试数据为例,如图 4 – 20 所示。

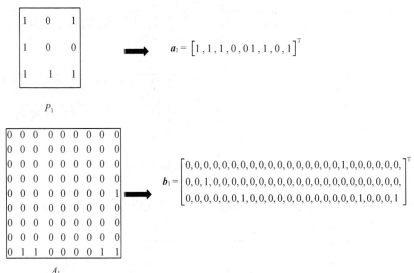

图 4 – 20　第一项测试数据矩阵与向量转换图

根据问题特点,采用 BP 神经网络对其进行训练。输入层神经元数为 9,输出层神经元数为 72,隐含层数设为 1。在训练过程中,用错误指数来衡量训练是否充分。错误指数的计算公式为

$$E = \left(\frac{\sum_{i=1}^{x} e_i^T e_i}{xy} \right)^{\frac{1}{2}} \tag{4-11}$$

其中,偏差向量 e_i 是预期向量和实际向量的差;x 是训练样本数;y 是每个输出向量的维度。

在本例中,x 为 30,y 为 72。在训练的过程中,不断对神经网络结构进行优化,最终运用最优的结构构建项目域内新项目的作业序列。训练次数与错误率的变化如图 4 – 21 所示,可以看到其最终的错误率在 5% 左右,满足要求,可以将其运用于新项目作业的排序。

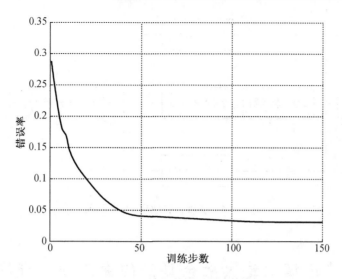

图4-21 神经网络训练趋势图

假设项目域内某新项目的作业项包括1-1号主机调试、2-2号主机采购、3-2号主机安装、4-1号发电机安装、5-1号发电机调试5个作业,则其作业关联矩阵及向量形式如图4-22所示。

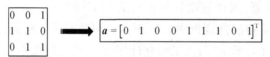

图4-22 作业关联矩阵及向量形式图

将作业向量输入,经过运算,输出向量及其矩阵转化形式如图4-23所示。

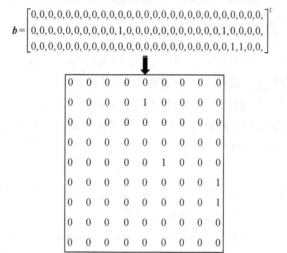

图4-23 输出向量及其邻接矩阵转化形式图

将邻接矩阵回归成项目域内的作业项,5个作业的排序如图4-24所示,可见其与实际情况完全相符。

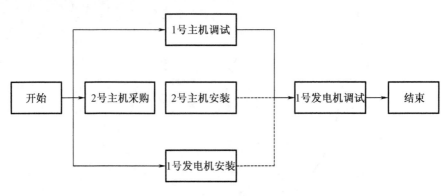

图 4 – 24　新项目作业项 FS 关系图

4.4　基于遗传模拟退火融合算法的海工项目进度计划编制

目前,船舶及海工装备制造业在项目的进度计划管理中,基本都是由专门的项目计划人员来进行进度计划的编制和控制。随着造船技术的不断发展,模块化造船、壳舾涂一体化的应用越来越普遍,造船效率也有了稳步的提升。作为造船过程中不可或缺的一部分、提高造船效率的关键环节,项目进度管理也势必有进一步的发展才能适应现代的造船流程,为缩短船舶和海工装备制造周期更好地服务。事实证明,人工的计划编制不仅费时费力,且面对庞大的船舶计划系统时,人工编制计划会有更大的概率出现失误,传统的进度计划编制机制在一定程度上已经表现出不适应性。本部分针对完成的海工项目进度分解,通过智能算法,引入活动调度优先规则及并行方案,进行初始进度计划的编制,并将其分别应用到海工的五级计划。本部分内容为本节内容的前提,为后续内容做准备。

4.4.1　海工项目进度计划编制

针对海工项目的进度管理,国内的海工企业在实行部门职能的 ERP 管理的同时,还有与之平行的项目计划管理。就海工企业目前的项目管理水平,一般将项目计划划分为三级,并由项目计划人员专门制订。初始计划的生成首先实现的是将海工项目进行作业分解,对作业流程进行梳理,在明确具体过程之后再反向整合,使分解后的项目活动按照进度生成原则形成完整的进度计划。

1.五级计划划分

进度计划的编制是一个动态的过程,在编制计划的过程中要考虑海工项目实施过程中可能遇到的各种资源约束、时间约束、风险等因素。

本部分的项目进度计划划分以前文 4.1.1 中提出的海工项目五级计划体系为指引,以企业的实际生产进程为依据,将海工项目的进度计划由上到下划分为五层,简称五级进度计划。

一级进度计划即里程碑计划,一般由船东提出重要事件节点,并以此为付款依据,而海工企业则据此来具体安排施工。里程碑计划一般包括项目开工、设计、采办、建造、海上安装调试、项目交付,采办中还包括关键设备到货日期、长线设备到货日期。里程碑计划是所有进度计划的指导及约束,必须严格按照里程碑计划完成预定工作。如图4-25所示,图中百分比代表船东付款百分比。

图4-25 一级进度计划

二级进度计划则是在里程碑计划的基础上,对里程碑计划的细化,以海工建造的不同阶段为划分依据。例如:设计可划分为初步设计、详细设计、生产设计等;采办根据材料属性可分为钢材、油漆、机械设备、电气设备等;生产则依据海洋平台的模块划分为上层建筑、立柱、浮体结构、撑管、钻台等部分。如图4-26所示。

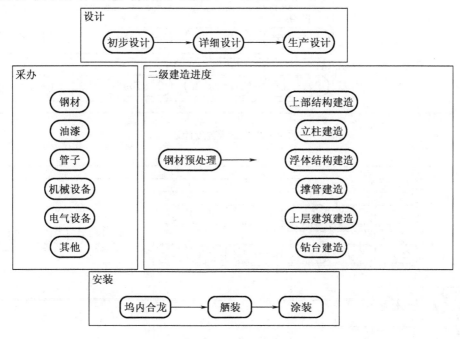

图4-26 二级进度计划

三级进度计划是在二级计划的基础上进一步细化,设计计划中把各分设计计划按照平台划分为上层建筑的初步设计、立柱的初步设计、浮体结构的初步设计……上层建筑的详细设计、立柱的详细设计、浮体结构的详细设计……上层建筑的生产设计、立柱的生产设计、浮体结构的生产设计……采办在以材料为依据的划分基础上,制订了不同材料的不同批次到货节点。生产则进一步将不同模块划分成各个分段的项目进度计划,比如上层建筑分段一、上层建筑分段二……立柱分段一、立柱分段二……浮体结构分段一、浮体结构分段二……。如图4-27所示。

四级进度计划则将三级进度计划下的各个子计划明确并详细划分。设计将各分段的不同设计进行详细的划分,如不同图纸的提交节点。四级生产计划把海洋平台不同模块的各分段划分到组立层次。如图4-28所示。

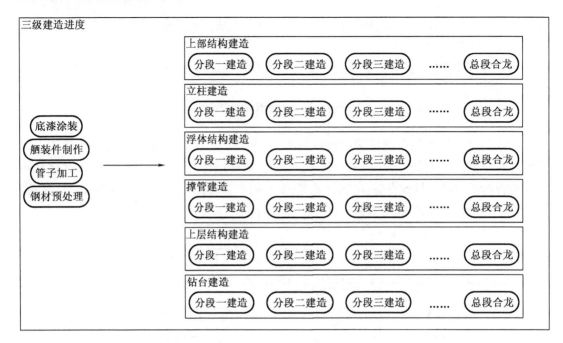

图 4 – 27　三级进度计划

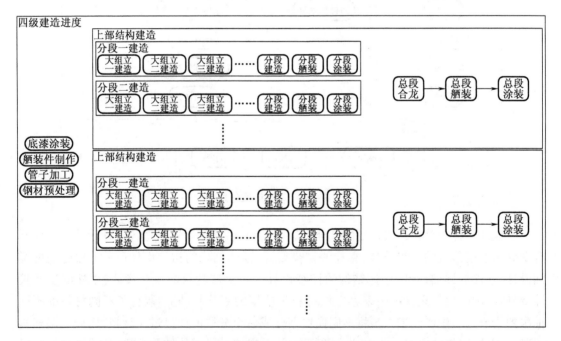

图 4 – 28　四级进度计划

　　五级进度计划是对四级进度计划的阶段性划分,一般是以月和周为单位的月度滚动计划和周计划。在编制五级计划工作完成后,整个项目计划中存在一条决定项目工期的关键路径,关键路径是整个项目计划网络中最长的路径,关键路径上的作业称为关键作业。在项目执行过程中,项目是否拖期是由关键路径上的作业决定的,因此管理者主要关注关键路径与关键作业。当项目进度发生滞后时,通常用调整压缩关键路径和关键作业的方法来达到工期调整的目的,过滤出关键作业之后,在网络图中使用逻辑跟踪功能从完工或不能满足进度要求的里程碑点开始逆向对关键作业本身及其相互逻辑关系仔细地加以分析,用合理的方法来调整从而达到进度压缩的目的。

五级进度计划体系的划分使不同层级的管理者能够专注到其职责所需关注的部分,关键路径使管理者将精力主要放在少数的关键作业上,进而实现对项目进程的控制,降低了管理的难度。

2. 活动调度优先规则

在项目的初始调度计划生成机制中,不可避免地会出现约束条件相同,甚至工时和资源需求都相同的项目活动。另外,海工企业为了其自身利益,必然要考虑资源的合理分配及时间的合理应用,以获得最大的收益。为了解决出现以上情况时,初始计划生成系统无法识别的问题,必须对项目计划中的活动设定优先级。在出现项目活动无法排序时,可通过优先级高低进行区分,优先级高的活动优先安排,以此类推。

多年来,研究者在工程实践和理论研究中,总结并积累了多种多样的优先规则,应用不同的调度优先规则所得的调度顺序也不尽相同。调度的优先规则大致可分为以下几种类型。

(1)基于关键路径

基于关键路径的调度规则,顾名思义是以关键路径为依据来进行活动的调度,最常用的调度方法是以项目活动的总浮动时间节点来进行优先活动的选择。典型的基于关键路径的调度优先规则有最早开始时间优先、最晚开始时间优先、最早结束时间优先、最晚结束时间优先等。

(2)基于网络图

基于网络图的调度规则考虑的是目标项目在网络图中所呈现的内容,比如项目各活动间的紧前约束关系、紧后约束关系及活动后续任务的数目。典型的基于网络图的调度优先规则有最小工时优先、最多紧前活动优先、最多紧后活动优先等。

(3)基于资源优先

基于资源优先的项目调度规则主要是依据不同的项目活动对资源需求量的不同来进行活动安排。典型的基于资源的项目调度规则有资源最大需求总量优先、最大资源利用率优先。

调度优先规则的选择对项目的活动安排起到关键作用,所以要选择适当的优先规则。表4-7对一些规则进行了列举。

在海工的项目进度管理中,首要考虑的是时间问题,如何使项目在最短的时间内完成是问题的关键,所以这里选择以最大最早完成时间为首要规则,即对具有最大最早完成时间的活动优先调度。其次,资源需求量作为项目调度的约束条件,理应考虑在内,故选择资源需求总量作为优先调度规则。海工项目的活动调度,并不能盲目地寻求最短工期,还要考虑到海工企业总体效益,因此,活动资源成本也作为优先调度规则。

表 4 – 7　调度优先规则

优先规则	名称	定义
活动资源成本		$\min_j \sum_k C_k d_j q_{jk}$
最早完成时间	LST	$\max_j EF_j$
最晚完成时间	LFT	$\min_j LF_j$
紧后活动数	MTS	$\max_j \mid A_j \mid$
资源利用量	GRU	$\max_j \sum_k q_{jk}$
资源总需求量	GRD	$\max_j d_j \sum_k r_{jk}$

3. 并行进度方案

当前应用较广泛的进度生成方案主要有串行进度方案（Serial Scheduling Generation Scheme，SSGS）和并行进度方案（Parallel Scheduling Generation Scheme，PSGS）。串行进度方案按项目活动数 i 将进度计划分为 i 个阶段，任意一个阶段 n 又包含两个进度计划集：已安排活动集 P_n 和可行活动集 E_n。对任意阶段 n 的安排，E_n 中活动按优先权从高到低进入 P_n。若两个活动具有相同的优先级，则按活动编号由小到大进入 P_n。逐步执行上述步骤，直到 E_n 中的活动为空，并生成完整的进度计划。串行进度方案在每一个阶段只为项目进度安排一项活动，而并行进度方案不同于串行进度方案的地方在于其每一个阶段针对可行活动集 E_n 中的所有活动进行安排，每一阶段只受项目资源约束。

本报告采用并行进度方案。设阶段 m 的开始时间 T_m、完成时刻 F_m，用 t、f 表示项目前后端点两阶段的开始、终止。已完成的活动集合为 C_m，在 F_m 时刻正在进行的活动集合为 A_m，此时可行工序集合

$$E_m = \left\{ i \mid i \notin \{C_m \cup A_m\}, P_i \subseteq C_m, r_{ik}^{\rho} \leq R_k^{\rho}, k \in K^{\rho} \right\} \tag{4 – 12}$$

其中 P_i 为工序 i 的紧前工序集合；r_{ik}^{ρ} 为活动 i 每天对资源 k 的资源需求量；R_k^{ρ} 为资源 k 的每日可用量。

并行方案与串行方案之间很大的区别在于，串行方案未考虑资源的约束。应用并行进度方案步骤如下。

①由阶段 m 的数据计算 $F_m + 1$、$C_m + 1$ 和 $A_m + 1$；

②更新各种资源的剩余量 R_k' 和 $E_m + 1$；

③按优先权从高到低顺序从 E_m 中选择活动 i，若当前资源剩余量大于活动 i 的需求量，则安排活动 i；

④更新各种资源剩余量和 E_m；

⑤重复以上步骤直到 E_m 为空。

具体过程可用图 4 – 29 进行描述。

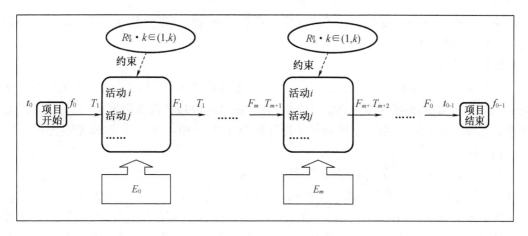

图4-29 并行进度方案图例

4.进度计划编制数学模型

为满足对初始进度计划的数学描述,定义初始进度计划满意率 &,定义 $\& = \dfrac{1}{\min F_n}$, F_n 即项目最后一项活动的完成时间。项目最后一项活动的完成时间代表项目的工期,工期越短,对项目进度计划的满意度则越高,那么对满意率的求解转化为最后一项活动的完成时间最早。

为进行项目进度计划的编制,建立如下数学模型:

$$\text{Targ } \& = \frac{1}{\min F_n} \tag{4-13}$$

$$\text{s. t.} \quad A_0 = 0 \tag{4-14}$$

$$\sum_{i=0}^{n+1} r_{ik}^\rho \leqslant R_k^\rho, \quad k \in (1,2,\cdots,K) \tag{4-15}$$

$$T_j - T_i \geqslant D_i, \quad i \in P_j \tag{4-16}$$

$$t_i, D_i \geqslant 0 \tag{4-17}$$

$$R_k' \geqslant 0 \tag{4-18}$$

$$F_n \leqslant T_{\max} \tag{4-19}$$

其中,式(4-13)为目标函数,表示项目工期最短;式(4-14)保证开始阶段的活动安排数为0;式(4-15)约束每项活动的资源使用量不多于资源总量;式(4-16)代表紧前约束关系;式(4-17)确保每项活动的安排不为空;式(4-18)保证资源的剩余量有效;式(4-19)表示最后一项活动的完成时间满足最长工期要求。

对数学模型的求解应用并行调度方案,E_m 为空则完成一个循环,进入下一个循环。如果在并行调度的执行过程中存在某个被调度活动的开始时间小于0,则说明并行调度方案不能得到问题的解,此时停止并行调度操作。

4.4.2　算法设计及求解步骤

本部分采用遗传模拟退火融合算法进行初始进度计划的生成。融合算法以遗传算法作外层循环,以模拟退火作内层循环,通过模拟退火较强的局部搜索能力,避免了外循环遗传算法的早熟,从对全局最优解的搜索角度和算法局部进化速度上提高了算法求解项目进度计划编制问题的性能。

1. 算法设计

标准遗传算法存在早熟收敛、局部寻优能力差等诸多不足,可能使得算法最终搜索结果陷入局部最优解;而模拟退火算法则恰恰相反,它具有较强的局部搜索能力,但其全局寻优搜索过程能力不足。因此,将两种算法进行融合,以期克服各自缺陷,实现优势互补。

(1)编码机制

假设有 n 个项目活动,对其按持续时间长短顺序排列后,各活动有整数编号 i,$H_n = [i_1, i_2, \cdots, i_n]$ 是这 n 个待安排活动的一个排列,在排列 H_n 中为每个活动定义属性活动时间 t_i、资源约束 r_i 和紧前约束 x_i,则 $Z = [(i_1, t_1, r_2, x_3), (i_2, t_2, r_2, x_2), \cdots, (i_n, t_n, r_n, x_n)]$ 就是遗传个体的染色体编码。其中,i_j 是排列中第 j 个活动的编号;t_j 是第 j 个活动的持续时间;r_j 是第 j 个活动的资源需求;x_j 是第 j 个活动的紧前约束关系。

假设进行活动安排时,各项目活动的时间固定,资源需求固定,对项目活动的安排仅限对活动顺序的调度。根据活动调度优先规则的定义,约束条件相似的活动间,具有更早 LST 的项目活动有较高的调度优先级,其次为活动的资源需求 GRD。因此定义:

$$f(x) = \alpha \cdot \text{LTS} + \beta \cdot \text{GRD} \qquad (4-20)$$

其中,令 $\alpha + \beta = 1, \alpha > \beta > 0$,即认为优先考虑项目活动的最早完成时间。

由此定义个体适应度评价函数:

$$F(x) = \begin{cases} \dfrac{1}{f(x)}, & f(x) \neq 0 \\ 0, & f(x) = 0 \end{cases} \qquad (4-21)$$

如果 $F(x_i) > F(x_j)$,则说明活动个体 x_i 优先进行安排将获得更优的结果。

(2)选择运算

为了将种群中的最优化个体保留在群体中,设定适应度值越高的个体被遗传到下一代的概率越大,定义个体 X_i 被选择的概率为 $p_i = F(X_i) / \sum_{j=1}^{n} F(X_i)$,在选择运算过程中,随机生成一个 $[0,1]$ 的数 G,如果有 $\sum_{j=1}^{n} p_j < \sum_{j=1}^{i+1} p_j - G$,则个体 X_i 被选择遗传到下一代。

(3)变异运算

考虑到资源的平衡问题,本部分算法只进行变异操作而不进行交叉。根据不同属性的类型不同,运算过程中会产生基因变异,由于各染色体的属性固定不变,因此仅考虑基因的排序变异。排序变异即染色体编码位置的变换,随机挑选两个位置不同的基因,并交换对应位置的基因编码。变异实例如图 4-30 所示。

变异前	$1,10,0,8$	$2,8,i_1,7$	$3,11,i_2,6$	…
变异后	$1,11,i_2,6$	$2,8,i_1,7$	$3,10,0,8$	…

图 4-30 排序变异实例

(4)退火操作

种群两个父代个体 p_1 和 p_2 经过变异运算后,生成两个子代 c_1 和 c_2,父代个体和子代个

体分别组成两个组 p_1,c_1 和 p_2,c_2,进化过程中以一定概率 P 接受父代个体为下一代种群中的个体,以概率 $1-p$ 接受子代个体为新种群个体。其中

$$P = \frac{1}{1 + \exp\left(\dfrac{f_p - f_c}{T}\right)} \qquad (4-22)$$

式中,F_p 和 F_c 分别为父代和子代个体对应的个体适应度;T 为温度参数,其大小根据问题规模选取。

(5)终止条件

结合算法融合的特点给出以下三种终止准则:

①迭代计算达到一定程度之后,适应度函数值在连续多次迭代中,无明显变化,终止计算。

②最大迭代次数达到用户设定的要求,停止计算。

③平均适应度终止原则。如果多次迭代后,群体之间的平均适应度差值小于用户设定的平均适应度差值常数,则认为算法已收敛,终止进化。

2. 算法步骤

过高的种群规模会较大地提高计算的复杂度,本部分算法取 $N=30$。

变异概率的设置可以较好地控制优秀基因的流失,避免较优解在搜索过程中因变异而改变,取变异概率 $P_m = 0.001$。

其他基本参数设置:Metropolis 链长度设置为9000,初温设置为2000,温度衰减参数取200,平均适应度差值常数为0.0001,最大迭代数为200。

基本遗传算法步骤如下。

步骤1,设置编码长度、种群规模、Metropolis 链长、初温、冷却参数、进化代数、平均适应差值常数等。

步骤2,进行迭代计数器初始化操作,设置 $t=0$。

步骤3,随机产生初始种群 $p_0(t)$。

步骤4,个体评价,即计算种群中每个个体的适应度,并保存种群当前最优个体。

步骤5,按选择概率 P_s,执行选择算子,从当前种群中选择部分个体进入下一代种群。

步骤6,按变异概率 P_m,对种群进行变异操作,得到新的种群 $p_1(t)$。

步骤7,基于模拟退火的 Metropolis 准则,对种群个体操作产生新种群 $p_2(t)$。

步骤8,进行种群个体选择与复制操作,得到种群 $p_3(t) = Re - Produce[p(t), p_2(t)]$。

步骤9,计算种群 $p_3(t)$ 的适应度,采用退火操作产生新的种群 $p(t+1)$。

步骤10,终止条件判断,若不满足终止条件,则 $t=t+1$,转步骤4;若满足条件,则执行步骤11。

步骤11,输出满足条件的解。

算法流程可以用图 $4-31$ 来表示。

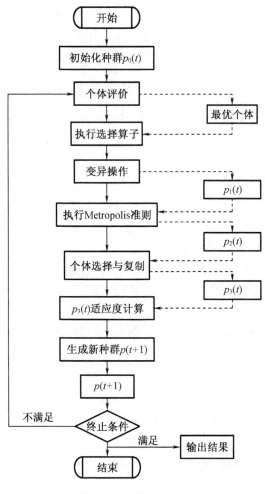

图 4 – 31 算法流程图

4.4.3 四级计划生成

为了验证调度原则和算法的有效性,本部分以某自升式海洋平台为例,进行初始进度计划的生成,由于第四级计划编制为关系到生产的关键计划,特以四级计划生成为例。表 4 – 8 中给出了平台四级计划层中某一部分的活动及数据。分别应用遗传模拟退火算法、启发式算法及遗传算法进行计算后生成如图 4 – 32、图 4 – 33 和图 4 – 34 所示的初始进度计划。

从不同方法生成的进度方案来看,本报告算法生成的方案周期为 65 天,其他两种方法生成的方案周期均为 68 天,可见本报告算法生成的结果要优于其他两种方法。

表 4 – 8 某自升式海洋平台参数表

活动编号	活动	持续时间/天	约束	资源需求	压缩工程产生费用/(万元/天)
1	钢材预处理 1	10		1,1/2	1
2	钢材预处理 2	8		1,1/2	1
3	钢材预处理 3	9		1,1/2	1

表 4-8(续)

活动编号	活动	持续时间/天	约束	资源需求	压缩工程产生费用/(万元/天)
4	钢材预处理4	8		1,1/2	1
5	钢管卷制1	7	1,2,3,4	2,1/4	1.2
6	钢管卷制2	8	1,2,3,4	2,1/4	1.2
7	钢管卷制3	6	1,2,3,4	2,1/4	1.2
8	钢管卷制4	7	1,2,3,4	2,1/4	1.2
9	单件预制1	8	5,6,7,8	3,1/3	0.9
10	单件预制2	6	5,6,7,8	3,1/3	0.9
11	单件预制3	8	5,6,7,8	3,1/3	0.9
12	分片预制1	6	9,10,11	4,1/2	1.2
13	分片预制2	5	9,10,11	4,1/2	1.2
14	分片预制3	8	9,10,11	4,1/2	1.2
15	立片组装1	7	12	5,1/3	1.1
16	立片组装2	6	12	5,1/3	1.1
17	立片组装3	8	13	5,1/3	1.1
18	立片组装4	5	13	5,1/3	1.1
19	立片组装5	4	14	5,1/3	1.1
20	附件组装1	7	15,16	6,1/2	1.3
21	附件组装2	5	17,18	6,1/2	1.3
22	附件组装3	4	19	6,1/2	1.3
23	结构涂装1	6	20,21,22	7,1/3	1.5
24	结构涂装2	8	20,21,22	7,1/3	1.5
25	结构涂装3	7	20,21,22	7,1/3	1.5

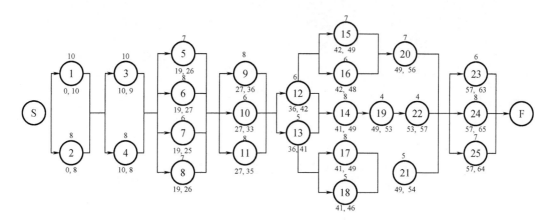

图 4-32　本书算法生成方案节点图

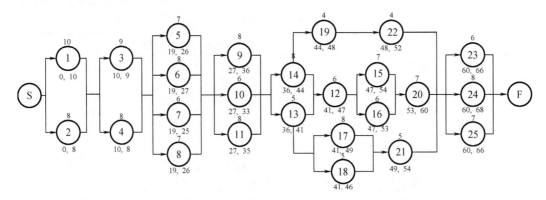

图 4 - 33　启发式算法生成方案节点图

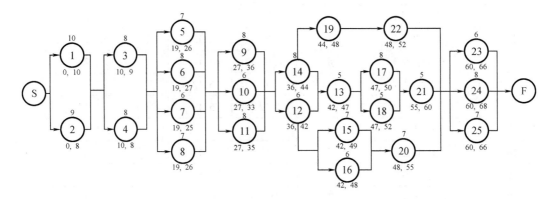

图 4 - 34　遗传算法生成方案节点图

第5章　基于改进蚁群算法的海工项目进度管理优化算法

海洋工程项目特定的技术规范与功能要求,使得项目设计、材料与设备采购、建造工艺等方面存在特殊性和诸多不可预见性。大型海洋工程的项目进度管理占有非常重要的地位,如何在有限的资源条件下按期交付项目,成为其考虑的首要问题。资源受限项目调度问题(Resource-constrained Project Scheduling Problem,RCPSP)是一种NP-hard的组合优化问题,若将海洋工程项目看作由时间固定、资源固定的活动组成,海洋工程项目的调度问题可以转化为RCPSP问题。

求解RCPSP问题的方法主要可以分为确定性算法、启发式算法两类。确定性算法如线性规划法、分支界定法等在问题规模过大时,会因为解空间过大而使计算时间过长,并且设定的变量和约束条件过多,对实际应用不利。近年来,智能启发式算法逐渐被应用到大规模组合优化问题的求解上,其重要性在于通过本身的智能性求解问题的次优解,扩大了解空间。彭武良等人提出了一种基于蚁群算法的项目调度新方法,采用基于优先权排列的编码方式进行编码,提出能使用大量优先级规则的规则池方法,取得了较好的效果,但忽略了实际应用中的约束,搜索空间较小;史士财等人提出了面向装配序列规划的改进蚁群算法,将装配操作约束作为启发式信息引入状态转移概率中,提高了蚁群的收敛速度并有效地避免了其陷入局部最优解;崔丽群等人提出了一种改进的蚁群算法来求解最优路径问题,在方案中引入阈值排序算法对搜索路径进行优化,解决了算法前期搜索路径的盲目性问题,加快了收敛速度,并提高了稳定性,但相应地降低了全局搜索能力;熊鹰等人提出将施工项目工期成本优化问题转化为商旅问题,利用自适应权重方法将工期、成本两个目标综合成单目标,采用蚁群算法进行Pareto解的搜索,提高了算法全局寻优能力,但并未解决算法中的参数设置问题。综上所述,目前针对避免陷入局部最优解与较好收敛速度下的全局搜索能力的中和问题有待深入研究,而且针对海洋工程的项目调度问题还有较大的探索空间,尤其是对海洋工程这类工程量巨大、高投入的项目,其生产过程中的进度-成本优化问题更有实际意义。

5.1　海工项目进度计划问题模型

某海洋平台的项目进度计划在编制完成之后,往往有一定的压缩余量,海工企业为了自身的效益,会对既定计划进行相应的优化控制。在资源约束的条件下,引入项目的动态调度,提出进度可压缩的设想,并以此为基础,通过改进的蚁群算法对初步生成的项目进度计划进行优化改进。海工项目的进度计划优化问题类似于RCPSP问题,对比两者,建立海工项目进度优化的问题模型,进而进行进度的优化改进。

5.1.1 海工项目进度计划问题描述

本部分海工项目进度计划问题假设活动均为可压缩工时,资源占用量固定。海工项目的成本可看作由直接成本与间接成本组成。直接成本(M_z)是项目活动的直接资源花费,如材料、火电等,即是由项目各活动的工作量决定的,不因工期改变而改变的成本,是固定的,故直接成本可看作不变的。间接成本(M_j)是因施工而产生的人工、场地等会因工期压缩或延长而改变的成本,工期压缩场地的费用也会相应减少,但员工则会产生相应的加班费等。

$$M = M_z + M_j \tag{5-1}$$

由于直接成本 M_z 不变,故 M 可看作间接成本 M_j 的函数。

实际中的海工项目活动并不能任意压缩工期,在同时进行的活动均不影响进度的情况下,没有必要对工期进行压缩而产生不必要的额外费用。考虑到项目的实际情况及资源的承受能力,我们规定:项目活动 i 的实际持续时间为 D_i,那么其最大压缩时间 $Y_{imax} \leqslant [0.2D_i]$,即

$$0 \leqslant Y_i \leqslant [0.2D_i] \tag{5-2}$$

项目活动时间的压缩仅发生于单个的项目活动:①其完成时间要晚于同时进行的其他项目活动,该活动完成的早晚会影响后续活动的进行;②该项目活动的实际持续时间不少于 6 天。同时满足上面两个条件的项目活动才可进行工期的压缩。可压缩进度项目如图 5-1 所示。设 i 为可压缩工期的项目活动,可压缩工期项目活动的集合为 U,P_t 为 t 时刻的紧前活动集合,则

$$
\begin{cases}
F_i > F_j, F_k, F_l, \cdots & (5-3) \\
D_i \geqslant 6 & (5-4) \\
i, j, k, l, \cdots \in A_t & (5-5) \\
i \in U & (5-6) \\
i \in P_{t+1} & (5-7)
\end{cases}
$$

对项目活动 i 的工期压缩会产生相应的间接成本,间接成本与压缩时间 Y_i 直接相关,相应的费率设为 $\varphi = \dfrac{Y_i + 1}{D_i}$,那么压缩后的间接成本 M_{ij} 为

$$M_{ij} = m_{ij} + m_{ij} \cdot \varphi \cdot Y_i \tag{5-8}$$

因此成本目标函数计算如下:

$$
\begin{aligned}
M &= M_z + M_j \\
&= \sum_{i=1}^{n} m_{iz} + \sum_{i=1}^{n} m_{ij} + \sum_{i=1}^{n} (m_{ij} \cdot \varphi \cdot Y_i) \\
&= \left(\sum_{i=1}^{n} m_{iz} + \sum_{i=1}^{n} m_{ij} \right) + \sum_{i=1}^{n} \left(m_{ij} \cdot \frac{Y_i + 1}{D_i} \cdot Y_i \right)
\end{aligned} \tag{5-9}
$$

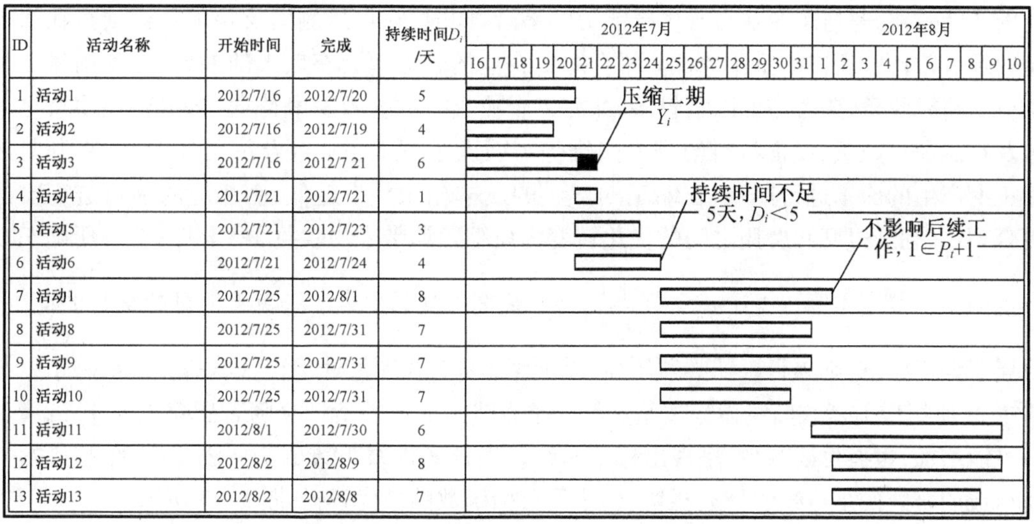

ID	活动名称	开始时间	完成	持续时间D_i/天	2012年7月 16 17 18 19 20 21 22 23 24 25 26 27 28 29 30 31	2012年8月 1 2 3 4 5 6 7 8 9 10
1	活动1	2012/7/16	2012/7/20	5		
2	活动2	2012/7/16	2012/7/19	4		
3	活动3	2012/7/16	2012/7 21	6		
4	活动4	2012/7/21	2012/7/21	1		
5	活动5	2012/7/21	2012/7/23	3		
6	活动6	2012/7/21	2012/7/24	4		
7	活动1	2012/7/25	2012/8/1	8		
8	活动8	2012/7/25	2012/7/31	7		
9	活动9	2012/7/25	2012/7/31	7		
10	活动10	2012/7/25	2012/7/31	7		
11	活动11	2012/8/1	2012/7/30	6		
12	活动12	2012/8/2	2012/8/9	8		
13	活动13	2012/8/2	2012/8/8	7		

（图中标注：压缩工期 Y_i；持续时间不足 5天，$D_i<5$；不影响后续工作，$1\in P_i+1$）

图 5-1　可压缩工期及压缩条件示例图

5.1.2　海工项目进度计划数学模型

某海工项目计划采用有向无环图 $G=(V,E)$ 描述；活动用整数 0 到 $n+1$ 标识；节点集合 $V=\{0,1,2,\cdots,n+1\}$；虚活动 0 表示开始活动；虚活动 $n+1$ 表示结束活动；工期为 0，不占用任何资源；t_0 和 t_{n+1} 分别为虚活动 0 和 $n+1$ 的开始时间；f_0 和 f_{n+1} 分别为虚活动 0 和 $n+1$ 的结束时间；T_i 为实际活动开始时间；F_i 为实际活动的结束时间；$(i,j)\in E$，表示任务 i 为任务 j 的前置活动；D_i 为活动 i 的持续时间；T_i 为 T_j 的紧前活动的开始时间。设活动 i $(0,1,2,\cdots,n+1)$ 每天需要的第 k 种资源量为 r_{ik}；第 k 种资源每天的供应量为常量 $R_k^o(k=1,2,\cdots,K)$。A_t 为 t 时刻正在执行的活动集合；P_j 为活动 j 的紧前活动集合；已完成的活动集合为 C_j。则 RCPSP 问题的时间模型可表示为

$$\text{Min}\quad G_n \tag{5-10}$$

$$\text{s.t.}\quad t_i,D_i\geq 0 \tag{5-11}$$

$$t_j-t_i\geq D_i,\quad i\in P_j \tag{5-12}$$

$$\sum_{i=0}^{n+1} r_{ik}^o\leq R_k^o,\quad k\in(1,2,\cdots,K) \tag{5-13}$$

其中，式(5-10)为目标函数，分别代表项目总工期最短；式(5-11)保证活动开始时间和持续时间为正；式(5-12)代表紧前约束关系；式(5-13)确保各项活动的资源约束条件。

5.1.3　针对问题模型的处理

海洋工程是资源密集型产业，对海工企业来说，工期的压缩会对其盈利产生重要影响，如何去权衡工期压缩带来的利益与产生的额外费用之间的利害关系，成为需要考虑的重要问题。为了表明这种关系，本书引入参数 δ 来表示海工企业的收益率。收益率表示在同一项目的作业条件下，相同的员工平均每天所能创造的效益，即收益率只相对于进度可压缩的项目而存在，且排除项目本身的影响。海工企业的收益率可以在一定程度上衡量海工企

业的产能效益,是海工企业自身生产能力的体现,同时,它也从侧面反映了目标项目在海工企业经济效益中所占的重要地位。每个海工企业的收益率会有较大的差异,毕竟衡量一个企业的瞬时收益,要考虑的因素较多,如海工企业员工数量及薪酬待遇、海工企业手持订单量及在建项目数量、设备材料的进度安排等。引入了海工企业收益率的概念,并将其与压缩工期产生的成本进行比较,压缩工期产生的成本相比较下越低,则相应的项目进度安排更合理。因此,进度和费用之间的优化转变为压缩工期带来的收益 $M^* = Y_i \cdot \delta$ 与压缩工期产生的额外费用 $M' = \sum_{i=1}^{n} \left(m_{ij} \cdot \frac{Y_i + 1}{D_i} \cdot Y_i \right)$ 之间的比较。若 f_{n+1} 晚于项目的交付时间,项目属于误工状态,则项目工期必须压缩,无须考虑 δ。若项目处于正常状态,压缩工期 Y_i 与成本 M 所组成的函数曲线为穿过原点的一条直线。而额外费用会随着压缩工期 Y_i 的增加有可能增加,也有可能减少,呈现出样条曲线。而样条曲线下方的与压缩工期 Y_i 和成本 M 所组成的直线的平行线的最远端切点,即是目标函数的最优解,如图 5-2 所示。

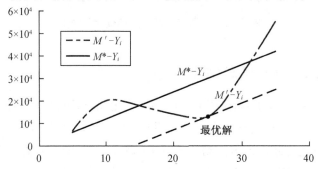

图5.2　模型处理后最优解示例

综上所述,进度-费用问题模型描述如下:

$$\text{Min} \quad G_n, M \tag{5-14}$$

$$\text{s.t} \quad t_i, \quad D_i \geq 0 \tag{5-15}$$

$$t_j - t_i \geq D_i, \quad i \in P_j \tag{5-16}$$

$$\sum_{i=0}^{n+1} r_{ik}^\rho \leq R_k^\rho, \quad k \in (1,2,\cdots,K) \tag{5-17}$$

$$F_i > F_j, F_k, F_l, \cdots, \quad i,j,k,l,\cdots \in A_t \tag{5-18}$$

$$i \in U, \quad D_i \geq 6, \quad i \in P_{t+1} \tag{5-19}$$

$$Y_i \in [0, 0.2D_i], \quad i \in U, \quad Y_i \in \mathbf{N} \tag{5-20}$$

其中,式(5-14)为目标函数;式(5-15)保证活动开始时间和持续时间为正;式(5-16)代表紧前约束关系;式(5-17)确保各项活动的资源约束条件;式(5-18)确保可压缩活动的结束时间是同时进行的活动中最晚的;式(5-19)保证可压缩活动集中的项目满足要求;式(5-20)为压缩工期限制。

5.2　算法设计及求解步骤

本节采用改进的蚁群优化算法(Ant Colony Optimization,ACO)求解 RCPSP 问题。蚁群算法的应用条件:问题能用一图表来阐述,解可定义为一正反馈过程,问题本身能够提供解题用的启发式信息。海工项目进度优化问题与蚁群觅食的相似关系如表 5 - 1 所示。

表 5 - 1　海工项目与蚁群算法对比

活动优化	蚂蚁觅食
开始(伪资源)	蚁穴
结束(伪资源)	食物源
时间	蚂蚁
活动	一段路径
选择实施活动	选择路径
占用时间的差异	路径长短差异
优化的调度,各占用时间之和最小	较短的路径,即蚂蚁觅食时间较短

蚁群优化算法是由意大利学者 Marco Dorigo 等人于 20 世纪 90 年代初期通过模拟自然界中蚂蚁集体寻径的行为而提出的一种基于种群的启发式仿生进化系统。蚁群算法有许多优点,同样也存在不足之处,最突出的地方就是搜索到一定程度之后,容易停滞,对更好解的寻求不利。本书算法主要针对以下两个方面进行了改进:①采用全局更新与局部更新相结合的信息素更新机制;②采用自适应信息残留系数。

5.2.1　改进的蚁群算法

基本蚁群算法中的信息素挥发系数 ρ 为常数,而通过信息素的更新来强化蚂蚁路径的选择及遗忘较差路径是蚁群算法的关键所在,常数 ρ 势必会影响到整个搜索过程中路径的选择。在较大规模问题中,较大的信息素挥发系数 ρ 在一定程度上削弱了搜索过程中的正反馈机制,虽然提高了全局搜索的能力,但是解的离散度过大,降低了收敛速度;相反,ρ 过小提高了搜索速度,却降低了全局搜索的能力,容易陷入局部最优解。因此,为了中和这两方面的反馈,本节采用自适应信息素残留系数,即随着迭代次数的增加,信息素残留系数会根据不同的需要进行改变,从而规避了收敛速度过慢和局部最优解问题。

本节构造的自适应信息素残留系数:

$$\rho(t) = \frac{(T-t)^2}{(T-t)^2 + T} + 10^{-5} \tag{5 - 21}$$

式中,t 为当前迭代次数;T 为总迭代次数。

5.2.2 蚁群算法的算法设计

1. 参数选择

目前,对蚁群优化算法的参数设置和属性研究,基本还处于实验阶段,主要参数有:

α——信息素的相对重要程度(信息素启发式因子);

β——启发式因子的相对重要程度(期望启发式因子);

ρ——信息素挥发系数,$1-\rho$ 表示信息素的持久性系数;

m——蚂蚁数。

根据海工项目的特点,参数设置为 $\rho=0.15,\alpha=1,\beta=5$,根据 $m\in[0.75n,1.5n]$ 的原则,确定 $m=n$,即蚂蚁数为项目活动数目。

2. 启发式信息策略

启发式信息 η 在很大程度上决定了改进蚁群算法的性能,设置

$$\eta_{ij}=\max_{l\in E_n^k} LS_l-LS_j+1, \quad j\in E_n^k \tag{5-22}$$

式中,LS_j 为活动 j 的最晚开始时间,可由 CPM 法计算出来;E_n^k 为活动 i 的可行活动集。

3. 信息素设置

初始时刻,各条路径上的信息量相等,设 $\tau_{ij}(0)=\tau_0$(τ_0 为常数)。

全局信息素更新规则:

$$\tau_{ij}=(1-\rho)\tau_{ij}+\rho\Delta\tau_{ij}^{bs}, \quad \forall(i,j)\in T^{bs} \tag{5-23}$$

$$\Delta\tau_{ij}^{bs}=1/L^{bs} \tag{5-24}$$

全局信息素的更新只发生在最优路径上。

局部信息素更新规则:

$$\tau_{ij}\leftarrow(1-\xi)\cdot\tau_{ij}+\xi\cdot\tau_0 \tag{5-25}$$

式中,τ_0 为信息素的初始值;$\xi\in(0,1)$ 为可调参数。

蚂蚁每一次从活动 i 转向活动 j,该边的信息素 τ_{ij} 将会减少,降低该路径对其他蚂蚁的吸引力,使得其他蚂蚁选择该边的概率相对减小,从而增加了蚂蚁选择其他未搜索过的可行路径的可能性。

4. 路径选择规则

位于活动节点 i 的蚂蚁 m,根据伪随机比例规则选择活动 j 作为下一个巡游活动,其路径选择规则:

$$j=\begin{cases} \arg\max\limits_{l\in\text{allowed}_k}\{\tau_{il}[\eta_{il}]^\beta\}, & q<q_0 \\ J, & \text{其他} \end{cases} \tag{5-26}$$

$$p_{ij}^k(t)=\begin{cases} \dfrac{[\tau_{ij}(t)]^\alpha[\eta_{ij}(t)]^\beta}{\sum\limits_{s\subset\text{allowed}_k}[\tau_{is}(t)]^\alpha[\eta_{is}(t)]^\beta}, & j\in\text{allowed}_k \\ 0, & \text{其他} \end{cases} \tag{5-27}$$

式中,q 是均匀分布在区间 $[0,1]$ 中的一个随机变量;$q_0(0 \leqslant q_0 \leqslant 1)$ 是一个参数;j 是根据 $p_{ij}^k(t)$ 给出的随机分布产生出来的一个随机变量,j 的范围限定提高了蚂蚁的执行效率。

5.2.3　蚁群算法的求解步骤

步骤1,初始化蚁群算法参数——蚂蚁数目 m,最大迭代次数 N_{max};初始化信息素等。

步骤2,根据并行进度计划生成初始进度方案。

步骤3,将 m 只蚂蚁置于当前解中

　　for 每只蚂蚁 do

　　while 禁忌表未满

　　　　按状态转移规则选择

　　　　下一个要进行的活动

　　　　将该活动加入禁忌表

　　end

　　end for

步骤4,将当前解更新至最优解集中,并输出最优最差解。

步骤5,按信息素更新机制更新当前局部和全部信息素,并将信息残留量限制在 $[\tau_{min}, \tau_{max}]$。

进行下一次迭代,若迭代次数未超过迭代次数上限,且无退化行为,则转步骤3。

5.3　计算实例验证

本节以前文4.4.3部分中的某自升式海洋平台项目为例,用改进的蚁群算法来分析可压缩进度-成本优化的应用情况。该项目共包括活动25个,不同类型的活动7类,同一类活动无先后顺序,具体参数如表4-8所示。表中给出各项活动的持续时间、约束、资源需求及压缩工期所带来的额外费用,$\delta = 1.2$ 万元/天。算法参数 $\rho = 0.15$,$\alpha = 1$,$\beta = 5$,$m = \underline{n}$。

应用本节算法进行求解,表5-2中给出了由本节方法计算得到的优化解集;图5-3中给出了解集中的最优解。为了对算法求解优劣进行验证,同时应用遗传算法对该实例进行了求解,解集如表5-3所示。图5-4给出了用遗传算法求得的最优解。应用本节算法所得的最优解为:压缩工期9天,实际工期59天,压缩工程获得收益10.8万元,因此产生的额外费用为9.2万元。用遗传算法所得的最优解为:压缩工期9天,实际工期61天,压缩工期获得收益10.8万元,因此产生的额外费用为9.4万元。对比两种算法的结果可知,本节得到的最优解与遗传算法所得结果的压缩工期同为9天,而实际工期缩短了2天,且压缩工期收益和额外费用的差额要多出0.2万元,故本节算法结果更优。

表 5 - 2　应用本节算法求得的优化解集

序号	压缩工期/天	实际工期/天	压缩工期收益/万元	额外费用/万元
1	8	68	9.6	10.2
2	8	65	9.6	9.9
3	8	70	9.6	10.5
4	8	66	9.6	10
5	9	63	10.8	9.8
6	9	60	10.8	9.4
7	9	60	10.8	9.6
8	9	59	10.8	9.2
9	9	61	10.8	9.5
10	9	64	10.8	10.3
11	9	60	10.8	9.5
12	10	61	12	10.5
13	10	61	12	10.8
14	10	63	12	11.5
15	10	62	12	11.2
16	10	65	12	12.2
17	10	64	12	12.1
18	10	64	12	12.5
19	10	63	12	11.8
20	11	62	13.2	13
21	11	60	13.2	12.8
22	11	58	13.2	13.2
23	11	61	13.2	13.5
24	11	60	13.2	13.6
25	11	60	13.2	13.2
26	11	58	13.2	13
27	11	57	13.2	13.2
28	11	59	13.2	13.1
29	11	60	13.2	13.3
30	11	58	13.2	13

表5-3 应用遗传算法求得的优化解集

序号	压缩工期/天	实际工期/天	压缩工期收益/万元	额外费用/万元
1	8	67	9.6	10
2	8	64	9.6	9.8
3	8	72	9.6	10.8
4	8	67	9.6	10.3
5	9	63	10.8	9.8
6	9	59	10.8	9.8
7	9	61	10.8	9.4
9	9	60	10.8	9.5
10	9	63	10.8	10
12	10	63	12	10.7
14	10	64	12	11
15	10	61	12	11.2
16	10	60	12	12.6
19	10	62	12	11.3
20	11	61	13.2	13.1
21	11	62	13.2	12.5
22	11	59	13.2	13
23	11	61	13.2	13.7
24	11	60	13.2	13.6
25	11	60	13.2	13.2
26	11	58	13.2	13
27	11	57	13.2	13.2
28	11	58	13.2	13.6

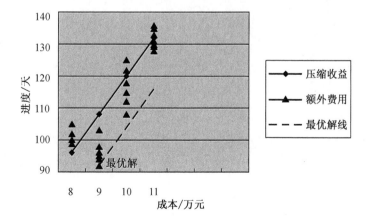

图5-3 本节算法最终优化结果

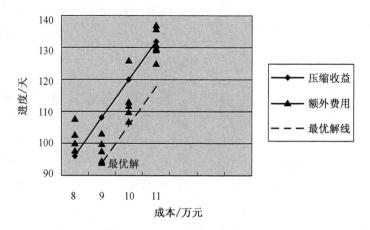

图 5 – 4　遗传算法最终优化结果

第6章　基于 UML 的海工项目进度管理计划需求分析

海工装备的建造是一个复杂而庞大的系统工程,不同的海工企业之间具体的建造过程也是不尽相同的,而是根据各自的条件及以往建造经验实施不同的建造计划。海洋工程的建造过程中本身就存在一定的风险,加上人为、环境的影响,以及资源的约束,使得其进度计划编制的依据变得不确定。由此来看,在进行项目进度管理之前,对海工项目的整个生命周期进行全面的需求分析是十分重要的。本章以 UML 统一建模语言为基础,对海工装备建造的详细业务流程进行了分析,在充分了解海洋工程生命流程之后,针对本书的最终目标,提出了所要实现功能的各项需求。在以往关于海工项目进度管理的文献中,很少提及需求分析这一模块,这也使得对海工项目进度管理的研究显得不够完善、全面。需求分析所提供的决策性、方向性及策略性作用,可以帮助我们更深入地认识海工项目进度管理的内容,让研究内容更好地契合海工企业的需要。

6.1　UML 统一建模语言

统一建模语言(Unified Modeling Language,UML)又称标准建模语言,最早由面向对象的技术专家 Grady Booch、Lvar Jacobson 和 Jimes Rumbaugh 提出,目前已获得了科技界、应用界和工业界的广泛认可。在建模语言的发展史上,为适应用户需求出现了大量的建模语言,最为突出的是 Booch 方法、OMT(Object Modeling Technology)和 OOSE 方法。

Booch 方法是最早提出面向对象的软件工程,适合系统设计制造,它的创始人 Grady Booch 同时也是 UML 的开发者之一。Booch 方法的图标语言类似于 UML,它采用的对象模型要素包括并发、层次类型、封装和模块化。

OMT 方法是另外一种面向对象的建模技术,即对象建模技术,是一种相对成熟的方法。它的特点在于分别从对象、动态、功能三个方面进行系统建模,而系统的特性则在模型中体现。

OOSE 方法的开发建立在 OMT 的基础上,它在 OMT 的一个分支功能模型上做出改变来对系统开发活动进行补充指导,应用对象及对象关系来构造软件问题模型,其最大的特点是面向实例。

UML 标准建模语言在将 Booch 方法、OMT 方法和 OOSE 方法中的基本概念进行融合的基础上,又对现有方法的应用范围进行了拓展。相比较于其他三种方法,UML 具有更强、更清晰的表达力,表达方式具有高度的一致性,同时它也在一定程度上消除了不同方法之间在术语和表达上的差异,减少了产生混乱的可能性,这也是 UML 受到广大用户欢迎的重要原因。

6.2　现代海工装备制造业务流程

海洋工程具有很深的内涵和广泛的范围,从广义上来说,海洋工程包括海上交通运输装备、油气开发装备、电力装备、建筑施工装备及渔业装备等。本书所提的海洋工程指的是狭义上的定义,主要指海上油气开发装备。海上油气开发装备则又分为钻井平台和油气开发船舶。海洋平台分类如图6-1所示。

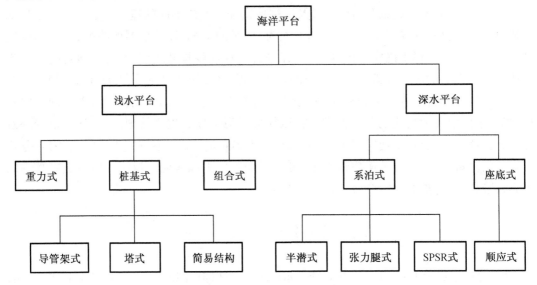

图6-1　海洋平台分类图

从海工装备的全生命周期方面来考虑,其区别于船舶的地方在于,海工装备产品往往更偏重于概念设计,船东在找到合适的课题之后,会找专门的设计公司为其进行船体设计,得到符合要求的平台概念设计后才会进行融资,并寻求相应的海工企业进行设计展开。具体到海工装备的建造过程,其与船舶建造有相似之处,按照专业可以划分为船体生产、涂装生产、舾装生产三大类。不同的海工企业,其技术水准、生产设施和条件层次参差不齐,故难以寻求生产过程中形式上的统一,尽管如此,建造阶段的基本原则和方式是不变的。

海工装备的整个生命周期按时间顺序大致可分为初步设计阶段、投标阶段、详细设计和生产设计阶段、采办阶段、生产建造阶段、安装调试阶段、项目交付等。其主要流程可以用图6-2中的活动图来表示,下面就整个过程中针对项目管理分阶段进行简要说明。

6.2.1　海工项目初步决策阶段

海工项目产品明显区别于船舶的地方在于,海洋平台有固定的工作海域,根据不同海域的海况来进行平台类型的选择,且根据平台核心设备的不同,平台在结构上同样会有较大变动。船东在决定寻找合作企业进行项目洽谈之前,会根据自身的需求来定位目标产品的各项指标及要求。目标产品的各项数据确定后,船东联系合适的设计公司进行目标产品的概念设计,初步确定其未来蓝图。在获得目标产品的雏形之后,做出项目的可行性分析,同时筛选合适的合作者进行竞标,直到最终确定某一家海工企业作为其合作伙伴。竞标结束后,海工企业代表会与船东代表就项目的各个环节进行商谈,而后项目才会由海工企业接手,进行最后的设计生产建造。

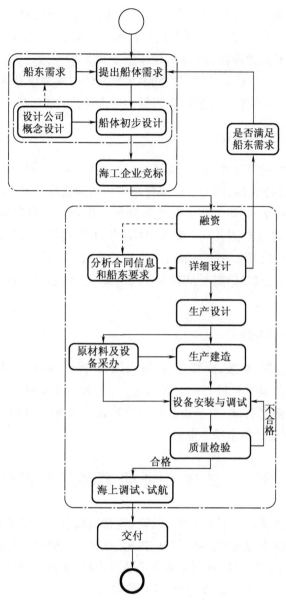

图6-2 海工项目建造流程图

6.2.2 海工项目设计阶段

海工企业在项目竞标成功后,会进行平台结构的详细设计和生产设计,有设计能力的企业一般选择自己设计,也有部分企业将设计任务交由设计公司。在项目的设计阶段,海工企业会根据合同要求及相应的设计标准、规范,并结合企业自身条件开展相应的设计工作。设计图纸的出图和管理会以企业的经验为依据,出图顺序和图纸编码也会与企业的建造进度安排相互依托。设计阶段图纸在经过检验后才会进入下一阶段。

6.2.3　海工项目采办阶段

海工项目的采办在生产设计完成之前就会开始,因为钢材、油气等必须材料不必等到材料清单确定后再进行采购,提前购进不仅可以节约工时,同时还减小了库管部门的仓储压力。采办阶段不同于其他阶段,因为其并非限于设计和建造之间,而是持续时间较长。海工项目的材料和关键设备从寻找供应商到最后到货的时间并没有太严格的要求,而是要满足建造阶段的需求,不影响项目进度,在项目的生产建造阶段同样会有材料设备的到货。

6.2.4　海工项目生产建造阶段

在完成海工项目的设计工作且部分材料已经到货之后,即可开始项目的生产建造工作。随着造船技术的不断发展,国内目前也普遍应用精益造船技术,采用总装化造船、成组技术和壳舾涂一体化技术,海洋工程项目也不例外。以半潜平台为例,按照总装造船先将平台按结构分解为浮体结构、立柱、撑管、钻台结构、上层建筑等部分;再将各部分细分,分别建造完成之后进行分段舾装、涂装;最后进行分段总组及总段的舾装、涂装。海洋工程总体建造过程与船舶类似,只是因其长期在海上工作而提出了更高的精度和质量要求,在大型设备方面有特殊的工艺。

6.2.5　调试与交付阶段

船坞内完成平台总组、舾装、涂装之后,进入调试阶段。船东、船检会按照提出的具体细节要求及通用的规范对平台进行全方位检查,并通过海上试航对平台总体性能进行考察。在各项指标都合格之后,海工企业才将最终产品交付船东并行驶到指定海域投入使用,船东也会相应地将剩余资金给企业。

6.3　海工项目进度管理问题描述

我国的海洋工程目前正处于迅猛的增长期,金融危机引起的船市低迷使得各个企业瞄准了海洋工程这块沙漠中的绿洲。我国"十二五"规划也明确提出将积极发展海洋油气产业,推进海洋经济发展,国家也将重点拓展海工装备市场,加强扶持政策。在海工项目中项目管理的应用已经有一定的历史,处于发展期的我国还处在摸索阶段,只能借鉴船舶建造中的项目管理经验;而应对更复杂的海洋工程项目,船舶建造中的经验并不能完全适应海工项目,项目管理的应用还需进一步深入研究。

成熟的海工企业,一般存在两套并行的项目管理系统:一是企业职能的组织结构;二是项目的计划管理组织结构。前者通过对不同部门的职责定义,实现专职的业务定位,在明确人员岗位后,间接地完成对项目的计划管理;后者则相对更直接,通过对项目进行直接活动分解,梳理项目过程中的活动流程,在时间和空间上实现项目的进度管理。

海工装备项目中包含的人员多且杂,往往一个企业中的多数部门都会在项目中扮演重要角色。如果将责任落实到每一个人身上,那么问题似乎变得更加复杂化了。这种繁杂的责任落实问题,如果应用项目进度管理技术,则可迎刃而解。针对这种化繁为简的工作,项目进度管理技术通过条理的梳理和层次的划分来进行职责和任务的分配管理,从而使管理职能体系架构清晰明确,跨部门、跨职能的信息交流变得杂而不乱。

海工项目本身是一项复杂且规模庞大的工程项目,其中包含的项目活动规模巨大,尤其本书将项目的计划编制划分为四级,将项目活动进一步细化,是人工在短时间内很难完成的任务,而且项目进度计划随着时间不断更新,可以说牵一发而动全身。要实现对如此庞大的项目活动的统筹安排,只能通过项目进度管理系统。有效的项目进度管理系统可以将大量活动之间的层次关系梳理清晰,对其进行分层次、分区域管理。

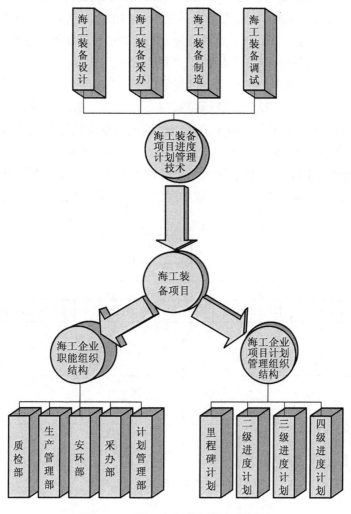

图6-3 海工企业项目管理系统图

6.4 海工项目进度管理需求分析

需求分析要做的就是分析用户的需求是什么,通过对需求的逐层细化,得到一个目标系统的轮廓,明确要做哪些工作,要实现哪些目标。面对海洋工程这种规模庞大的工程项目,更要进行细致的需求分析。如果投入巨大的人力、物力、财力,最终开发的结果却背道而驰,不能满足用户的需要,无异于历史的停滞不前。开发者所做的需求分析是其与客户之间信息交互的直接纽带,因此必须使用准确的术语和简单明了的语言,同时以"处处为客户着想"为原则。海工项目进度管理的需求分析即是明确进度管理要做哪些工作,有关进度的工作哪些需要进行管理。本节就上面提到的两大并行进度管理系统进行更深入的分析探讨。

6.4.1　企业职能组织结构

海工企业针对海工装备项目建立了满足项目管理的企业职能组织结构。传统的组织结构普遍采用直线制,这是最早也是最简单的组织结构形式。它对企业的职能部门进行按需划分,各级部门之间实行由上到下的垂直领导,以实现上级命令的直接传达和实施。其优点是结构形式简单,职能部门的职责分明;其缺点是项目责任过于集中,往往要求负责人掌握多种知识和技能,各种业务都要亲自过问处理,这样难免会使得项目存在的问题不能及时被处理。针对直线制组织结构横行联系较差、弹性不足的缺点,更多的企业选择矩阵制组织结构。矩阵制组织结构不仅在有直线组织结构的垂直领导形式,同时又建立了以项目为依据的横行联系结构,解决了直线制组织机构缺乏弹性的缺点。海工企业所采用的矩阵制组织机构,根据不同的项目从职能机构中抽调数量不一的人员进行项目执行和管理,在一定程度上减轻了企业的职能部门冗杂程度,加强了不同职能部门之间的联系和沟通,如图6-4所示。

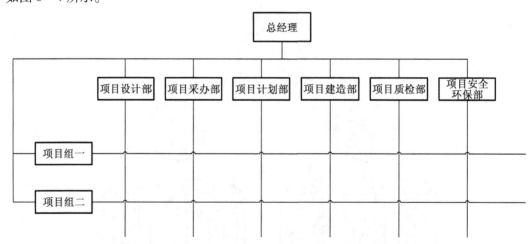

图6-4　海工企业职能组织结构图

如图6-4所示,海工企业在项目管理背景下,以项目为核心的职能部门主要包括项目设计部、项目采办部、项目计划部、项目建造部、项目质检部、项目安全环保部。不同的部门之间彼此独立,但是共同为项目服务,不同部门的人员有可能在同一个项目组,虽然履行的职责不同,却可以通过项目进行沟通,更多的交流不仅能够增进彼此间的认可度、信任程度,也会为项目服务起到促进作用。下面就不同职能部门进行具体分析。

1. 总经理

就项目而言,总经理为项目的最高管理者,负责项目的统筹协调。

①制定项目的总体管理方针、目标,针对项目对人员进行挑选并组建项目组。

②定期召开各种会议,对项目进展及各项要求进行监督;向员工传达质量规范的重要性,动员和调动员工的积极性。

③对项目各配套设施进行统筹管理,对各种突发事件进行决策。

④各部门提出的各种需求都要经过总经理的批准,总经理要对要求是否合理进行把关,并最终决定。

⑤协调各部门间工作,解决不同部门间的意见分歧。

⑥与船东进行沟通,在考虑船东利益的同时,使己方方案能顺利执行,并获得最大的收益。

总经理并不直接参与项目,只对项目阶段成果提出意见,并对各种计划外的事件进行处理,这也对总经理提出了要求,其不仅要对海洋工程的整个建造过程有足够的了解,小到各个细节都很熟悉,同时还要有足够的个人能力,可以在短时间内做出对海工企业最有利的决定。图6-5为对总经理职责的分解。

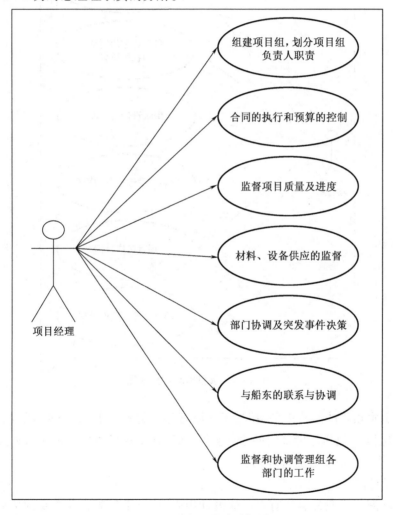

图6-5 总经理职责分解图

2.项目组

项目组本身并非独立存在,而是相对于项目,当海工企业启动项目的时候,由不同的部门抽调人员成立特定的项目组。项目组的人员并不脱离原有部门,还是负责与原部门相同的工作,工作内容暂时只针对当前项目,等项目完成后再进行其他任务的分配。

①项目各类图纸的设计及图纸审核,图纸、文件管理。

②项目材料及关键设备的采办。

③项目运行方案的设计,人员职责分配。

④制订项目的各级计划,并监督项目进度计划的执行。

⑤项目的整个建造过程、舾装、涂装都要由项目组来负责,后续的平台检验及试航工作也同样由项目组负责。

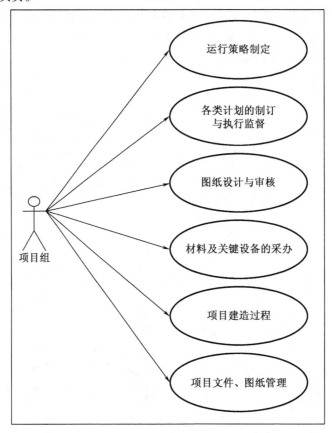

图6-6 项目组职责分解图

项目组负责项目的所有事务,相当于在原有部门的基础上,给企业人员赋予了双重角色,企业中的相关事宜以职能部门的角色参与,同时还要在项目中扮演项目人员,在两套并行的系统下,使企业的管理更合理化。

3.项目设计部

目前多数海工企业都会建有自己的设计中心,这样不仅对企业本身的项目生产、设计有很好的衔接作用,同时还节省了很大一部分设计费用。

①在项目签订以前,设计部要配合项目的合同洽谈,对项目进行技术把关及合同评审。

②项目签订以后,设计部主要负责项目图纸的设计,准备材料清单和采办要求,为生产建造部提供相应的技术规格书。

③在建造过程中要为现场提供相应的技术支持,同时针对建造过程中出现的纰漏进行图纸修改。

④在详细设计和生产设计结束后,设计部要对设计图纸进行分类保管,同时针对建造过程中的修改做好记录。

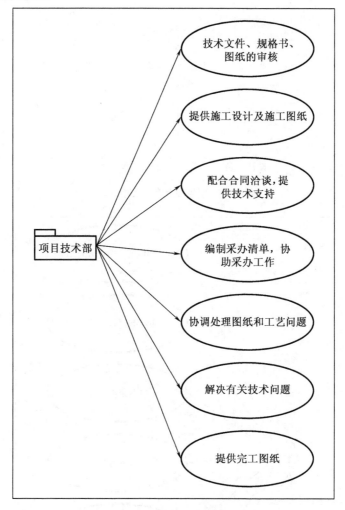

图6-7 项目技术部职责分解图

项目设计部虽然在总经理的管辖范围,但也有其独立的组织结构,如图6-8所示。在项目的整个设计过程中,所有的设计人员都要受设计部经理管理,图纸的更改和最终方案的确定也要经过设计部经理的授权和同意。设计部经理是项目设计部的领导者,设计部和总经理的沟通是通过设计部经理向其汇报,处理方案的确定也是由设计部经理和总经理进行磋商确定。设计部经理的职责分解如图6-9所示。

4.项目采办部

除了船东指定的部分大型设备及制定材料的供应商,海工企业的所需的大部分材料都要由采办部进行购买。

①项目采办部要根据设计部的材料清单进行材料供应商的筛选,与供应商进行材料订

单的洽谈,并最终确定供应商。

②与生产建造部、材料供应商协商,确定材料的到货时间。

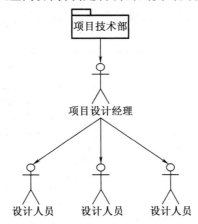

图6-8 项目设计部组织结构图

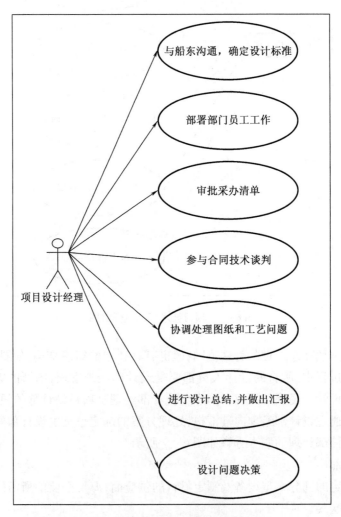

图6-9 项目设计经理职责分解图

③根据协商结果制订相应的材料到货计划表,统计库存情况并进行相应的成本核算。

④对到厂材料和设备进行监督,确保材料满足建造的时间要求。

⑤配合质检部进行到厂材料的质量检验,保证其质量满足要求,若出现质量问题,应及时与供应商协商,进行退货换货,以免影响生产建造进度。

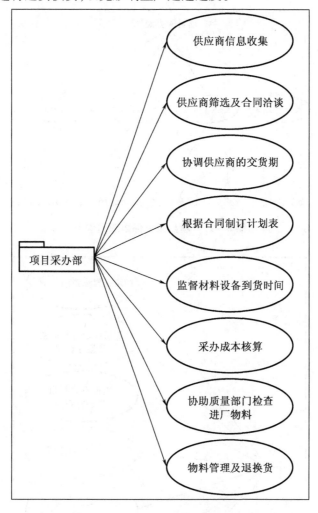

图 6 – 10   项目采办部职责分解图

项目采办部工作质量的好坏将直接影响到项目的生产建造,甚至会对项目的利润产生影响,因材料设备价格在整个项目资金中占有很大一部分比例,同时材料设备的质量及到货时间都将对项目建造的进展产生影响,如果在材料供应商上产生纰漏,最直接的影响将是推迟项目建造计划,严重的话甚至会对项目交付时间产生影响。因此,项目组对采办部提出相对较高的要求,项目采办经理的直线管理已不能满足需要,而是增加了下属的职能部门。项目采办部的组织结构如图 6 – 11 所示,项目采办经理职责分解如图 6 – 12 所示。

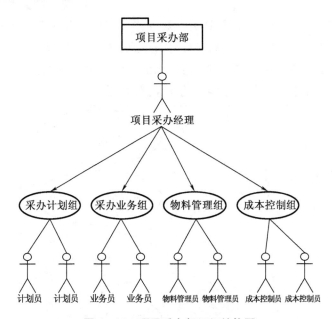

图6-11 项目采办部组织结构图

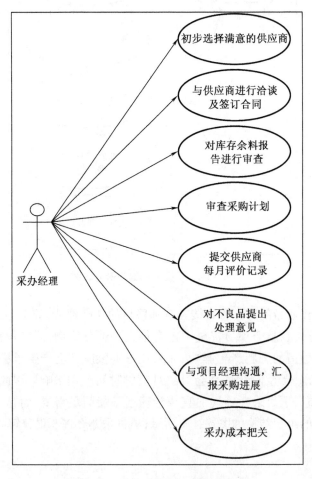

图6-12 项目采办经理职责分解图

5.项目计划部

项目计划部负责制订项目的各类计划,主要是建造的节点计划;各类职能计划则由各职能部门分别负责制订。

①根据项目合同制订项目里程碑计划。

②制订生产建造计划,收集各职能部门制订的计划,并将其整合,形成完整的项目进度计划。

③将项目进度计划进行细化,最终编制成四级进度计划。

④收集各部门的工作进展,对项目实际进度进行跟踪。

⑤根据收集的实际进度反馈对原有项目进度计划进行调整,或对各部门进行工作督促。

⑥分析实际进度和计划进度产生偏差的原因,并针对问题提出相应的解决方案。

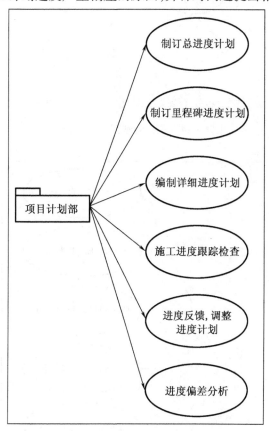

图6-13 项目计划部职能分解图

项目计划部对项目的进度控制和管理起到至关重要的作用,其不仅是对项目工作的计划作用,同时还是对各部门工作的监督和督促。在庞大的海工项目建造过程中,出现偏差或错误是不可避免的,而项目计划部的作用就是减少这种错误的发生,或者在出现错误的时候尽早进行处理,将这种错误所产生的损失降到最低。国内海工企业和国外先进企业之间的差距,在很大程度上体现在对项目进度的管理上,一个是不能制定完善的项目进度计划体系,还有就是对进度计划的执行不够强硬。为了制订出切实可行且时间利用率高的进度计划,有必要对项目计划部的人员职责进行明确。项目计划部的组织结构如图6-14所示,项目计划经理职责分解如图 6 - 15 所示。

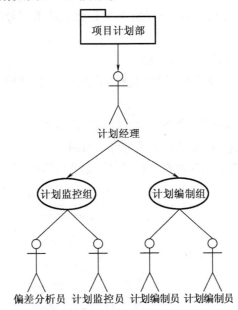

图 6 - 14　项目计划部组织结构图

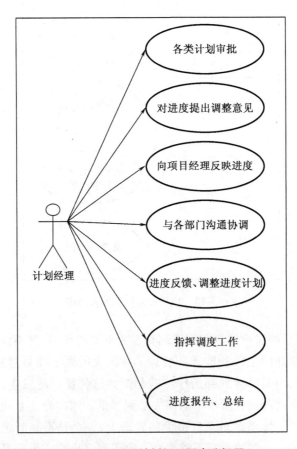

图 6 - 15　项目计划经理职责分解图

6. 项目建造部

海工企业的生产建造在很大程度上也是采用外包的形式,借助外包工队解决企业生产任务繁忙和劳动力缺乏的矛盾,这样不仅可以降低成本,还能提高工作效率,便于管理。

①联系外包工队伍,并安排施工队伍工作。

②在计划编制阶段,配合计划部工作,提供技术、经验支持,如实反映项目工作进展,协助进度控制工作。

③根据计划部编制的生产计划进行生产建造。

组立加工车间:钢板、型材准备、下料、切割、分段组装等。

船体总装车间:分段组装、合龙。

舾装车间:分段舾装、总段舾装、平台舾装。

涂装车间:钢材、分段涂装、总段涂装、平台涂装。

起运车间:材料、分段、设备等的调运。

④监督生产工作的开展,维持车间现场秩序,管理施工队伍。

⑤与设计部门进行沟通,协调解决生产中遇到的技术问题。

⑥与质检人员进行沟通,配合质检工作。

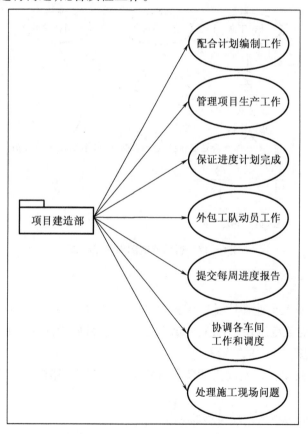

图6-16 项目建造部职能分解

外包工队里的人员比较复杂,一般都是个人组织的农民工,企业引入了外包工,项目质量难以得到保障,因此外包工队的选择及海工企业对于外包工队的管理对项目质量产生较大的影响。项目建造部是外包工队的直接领导部门,对外包工队的管理负较大的责任:一方面其要负责外包工队动员工作,以免在生产建造过程中产生懈怠而影响建造进度和质量;另一方面其还要对建造细节进行把控,防止偷工减料现象的发生。项目建造部由企业中一些经验比较丰富的人员来负责对外包工队进行技术指导或者就建造过程中出现的问题提出解决方案;项目建造经理则是在宏观上对整个建造过程进行指导和监督。项目建造部的组织结构如图 6 - 17 所示,项目建造经理职责分解如图 6 - 18 所示。

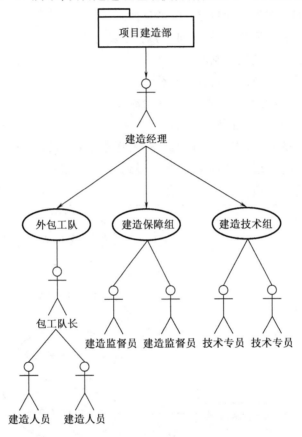

图 6 - 17 项目建造部组织结构图

7. 项目质检部

项目质检部是海工企业在质量监控方面的主要部门,众所周知,项目质量能否过关是项目最终能否交付的关键所在,由此可见其重要性。项目质检部人员必须有丰富的生产建造经验,并对建造规范有较好的认识。

①质检部人员在项目开始前需就质量标准问题与船东、船检进行沟通,以获得统一的标准。

②对采购的物资进行入厂质量检验。

③在海工项目的建造过程中,要对中间产品进行随机抽检,以保证中间产品的质量。

④进行完工检验,并准备相应的完工文件。

⑤对检验中出现的问题进行分析,并提出相应的修改意见。

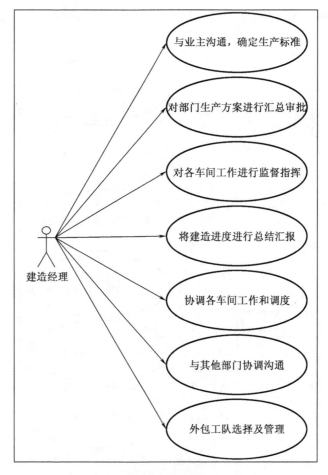

图 6 – 18 项目建造经理职责分解图

由于海工项目提出了相对更高的质量要求,这也使得项目的质检工作变得更加严格,任何环节出现质量问题都会影响到项目最终的检验成果。从设计到项目最终交付的每一个环节几乎都有质检的要求,面对如此繁重的质检工作,质检人员必须做到尽职尽责,对产品的检验范围需覆盖所有可能对项目进展及最终产品产生影响的范围。对于出现的质量问题,需尽早提出切实可行的修改意见并实施,以免影响项目进度。企业内部的检验要求要严格按照规范或高于规范进行,因为项目完工后的质检工作由船东船检负责,若不以规范为依据,难免最终检验的时候会出现质量问题。项目质检部的职能分解如图 6 – 19 所示;项目质检部的组织结构如图 6 – 20 所示。

8. 项目安全环保部

目前,越来越多的海工企业在关注项目进度和质量的同时,将更多的注意力转向了企业的安全环保工作,项目实施过程中的事故率低在建立企业形象方面已成为一个很好的标杆。而随着全球范围内对环保工作的关注,海工企业也对环保工作投入更多的人力、物力。

①贯彻执行国家及上级主管部门制定的有关安全生产、环境保护的规定,坚持"安全第一、预防为主、综合治理"的安全环保生产方针。

②加强安全生产、环境保护的宣传,提高企业员工的安全环保意识。

③对项目的安全、环保工作进行持续的监督,做好易燃易爆品、有毒有害物质的管理和坚持。

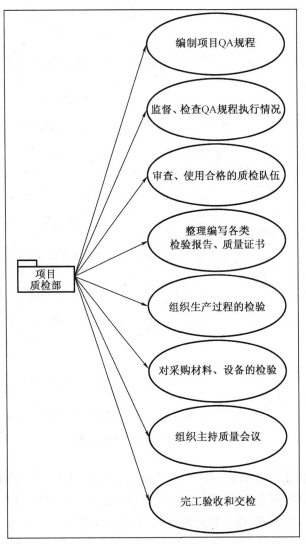

图6-19 项目质检部职能分解图

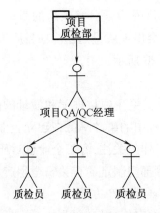

图6-20 项目质检部组织结构图

④对安全、环保工作的资料进行持续的收集,并及时准确地向上级汇报。

⑤对出现的问题及时处理,或督促有关部门进行整改。

一个好的海工企业不仅仅体现在出色的项目完工,更重要的是在项目建造过程中不会出现安全问题,国家一直在提倡以人为本,如何才能在庞大的海洋工程项目中不出现事故,才是企业管理水平的突出表现。项目安全环保部可以分为三个子部分,分别是安全管理、环境管理及消防管理。项目安全环保部职能分解如图 6 – 21 所示。项目安全环保部的组织结构如图 6 – 22 所示。

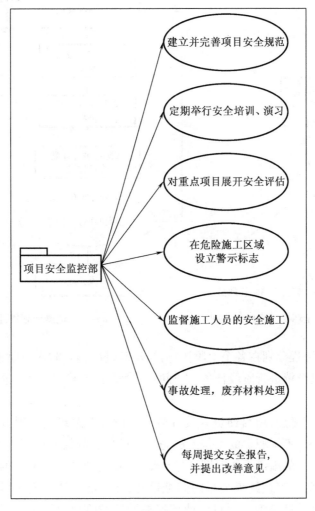

图 6 – 21 项目安全环保部职能分解图

6.4.2 计划管理组织结构

海工企业的管理体系除了企业的职能组织结构,另一个并行的管理系统就是项目的计划管理组织结构。前者可以说是企业的硬件结构;后者则是针对项目的软结构。海工项目在合同签订之后,便进入海工项目组的全线操作过程,按照时间流程基本可以分为四个阶段,即设计阶段、采办阶段、生产建造阶段、装备调试阶段。项目计划部根据各部门提供的数据,制订完整的项目进度管理计划,针对不同的阶段,按照进度计划管理流程进行分别管理。进度计划管理流程如图6-23所示。

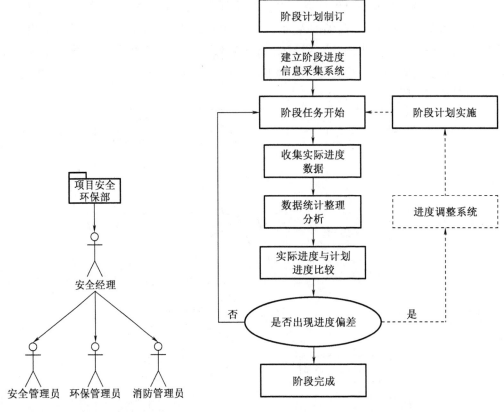

图6-22 项目安全环保部组织结构图   图6-23 进度计划管理流程图

进度计划管理流程分别在各个阶段执行,当出现进度偏差时应及时进行反馈并调整进度计划,若无偏差则继续进行阶段任务,直到某一阶段完成,则进入下一阶段。

1.设计阶段

在海工项目签订之后,项目便进入设计阶段。设计部选定相关项目的设计人员,并对人员的任务进行分配,不同职责的工作人员完成自己负责的任务后即可提交。为了便于管理,企业内部会有相应的编码系统对图纸进行编码,提交的图纸有专门的人员进行管理,以便相关人员进行查阅。存在约束关系的图纸设计,在紧前设计完成之后,管理员会提醒后续设计人员,以保证设计进度。项目设计部根据设计经验编制的设计进度计划,在通过项目计划部审批之后便要严格执行,根据进度计划管理流程处理设计过程中出现的偏差,项目计划部则定期对设计成果进行检验。设计进度管理流程如图6-24所示。

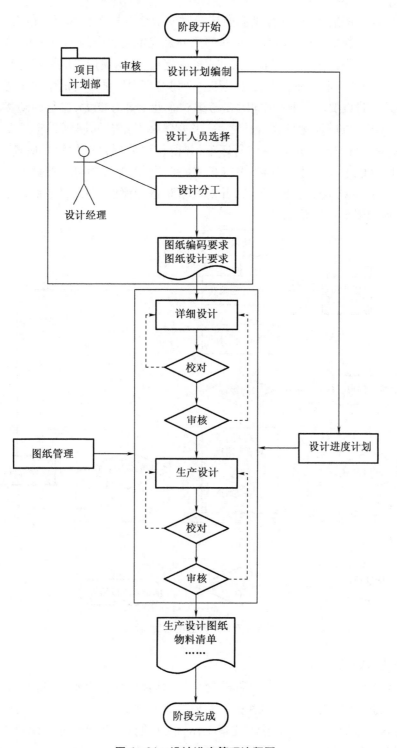

图 6 – 24 设计进度管理流程图

2. 采办阶段

设计阶段完成后,设计部门会向采办部提供物料清单,除了船东要求的大型设备,大部分材料都需要海工企业进行采办。采办部门在经过多次项目采办后会积累一些信誉高、质量好的材料供应商的资料,在进行供应商选择时一般会选择有合作经验的合作伙伴,或者选择条件更诱人的新伙伴进行合作。物料的采办是成本控制中的关键环节,选择对的供应商可以为企业节省很大一部分成本。在供应商确定后,根据建造进度要求进行到货节点协商,与供应商的协商一般会在有项目经理和生产建造部门人员参与的情况下进行。节点的确定以满足建造进度要求为前提,同时要考虑到企业的库存能力,过早的到货会增加额外的库管成本。在与供应商签订完合同之后,采办部会根据合同制订相应的设备到货进度表,并根据实际到货时间来进行供应商评审,并留作以后项目中材料供应商的选择依据。若出现到货时间晚于计划时间,则要进行相应的催货,以保证项目建造进度。对于到货材料、设备,质检部要对其进行质量检验,并对其质量进行评价,列入供应商评审记录。采办进度管理流程如图 6 – 25 所示。

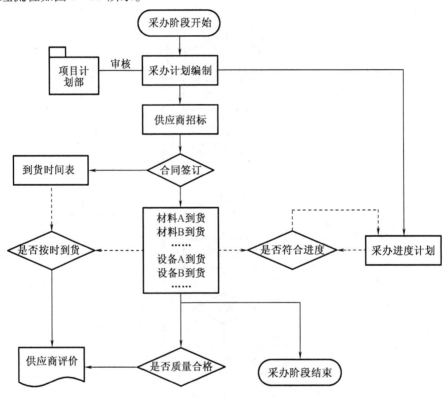

图 6 – 25 采办进度管理流程图

3. 生产建造阶段

首先,项目计划部要在生产建造部的配合下,结合项目合约要求和船东要求的项目节点,制订完善的生产建造计划,即在生产建造阶段开始之前,已经有了完善的准备工作。在首批项目材料设备到厂便可展开生产建造工作,根据项目生产建造进度计划和材料设备到货时间表展开工作。生产建造阶段的进度计划管理是整个进度计划管理的重点,也是最难控制、最容易出现差错的环节。项目生产建造因其牵涉人员多且复杂,建造周期长,包含的活动数目巨大,进行统筹管理的难度较大。因此要充分发挥项目计划部的进度管理职能,定期进行项目进度核实。生产建造部要积极配合项目计划部的工作,如实汇报实际进度,计划部根据其提供的进度报告及时修订建造进度计划,以弥补建造过程中进度偏差或跟进进度计划。同时项目计划部要根据生产建造部提供的实际数据分析偏差产生的原因,并做相应的记录,在召开总结会议时要对其进行着重强调,以免后续工作出现类似错误。项目计划部要结合进度分析按时向项目经理进行汇报,并落实其提出的改进意见,实现由上到下的层次管理。建造进度管理流程如图6-26所示。

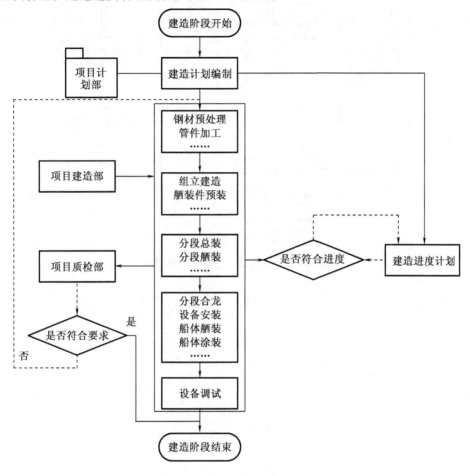

图6-26 建造进度管理流程图

4.装备调试阶段

海工项目建造完成后,则在船台(坞)进行最后一次涂装,然后下水进行水上调试。下水前要由质检部监督,对平台进行完整性检验,若出现完整性问题,则要继续在船台(坞)进行搭载作业,若没有问题则可进行下水作业。下水完成后要对项目进行码头设备安装,并进行相关性能调试,若没有问题出现,可向船东、船检交船。装备调试进度管理流程如图6-27所示。海工装备的调试标志着项目进入最后收尾阶段,尽管如此,最后阶段还是有严格的进度计划要求。相关计划由生产建造部制订,并严格实施,只有从始至终都坚持严格执行进度计划,项目的进度管理才会有意义,也会更有效。

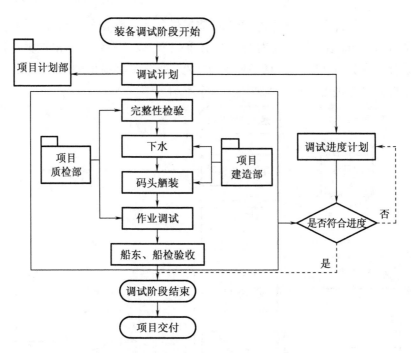

图 6-27　装备调试进度管理流程图

第7章 海工项目信息化管理其他模块关键技术与方法研究

7.1 海工项目信息化管理理论研究

7.1.1 海工项目 BOM 管理、设计管理、物资管理理论研究

1. BOM 管理相关理论研究

传统意义上的 BOM 被定义为产品结构的技术文件,称之为产品结构树。它用于计算机识别物料、接受订单、编制计划、配套领料、加工过程跟踪、采购和外协、成本计算等。随着 BOM 应用范围的扩大,BOM 在产品不同阶段有了明显不同的表现形式,它表明了产品在设计、制造直至售后维护等各个阶段的结构及数据组织形式。产品要经过工程设计、工艺制造设计、生产制造三个阶段,相应地在这三个过程中分别产生了名称十分相似但内容却有很大差异的物料清单 EBOM、PBOM、CBOM,这是三个主要的 BOM 概念。依据以上论述,可以对 EBOM、PBOM、MBOM 做出定义。

①EBOM(Engineering BOM),即工程 BOM,主要是设计部门产生的数据,是产品工程设计及管理中使用的数据结构。产品设计人员根据订单或设计要求进行产品设计,生成产品名称、产品结构、明细表等信息。它通常精确地描述了产品的设计指标、零部件之间的逻辑装配关系、零部件总体信息(名称、代号、类型、数量、材料)、零部件形状信息(尺寸信息)、零部件制造信息(表面粗糙度、尺寸公差、精度等级、材料特性)、零部件关联信息(位置关系尺寸与公差)等。

②PBOM(Plan BOM),即计划 BOM 或工艺 BOM,是工艺设计部门以 EBOM 中的数据为依据,根据工艺路线分工计划、实际制造中的加工与装配过程,以及装配部门对装配件和加工件的交付状态的要求,通过调整 EBOM 中零部件的装配关系、设置零部件的不同状态,形成工艺设计过程中的虚拟件和变态件,对 EBOM 再设计出来的用于指导工艺工作的产品数据清单。它用于工艺设计和生产制造管理,使用它可以明确地了解零件与零件之间的制造与装配关系,跟踪零件制造方法、地点、人员、物料和过程等信息。

③MBOM(Manufacturing BOM),即制造 BOM,是生产制造管理部门根据工艺部门生成的 PBOM,参考工艺设计中零件的加工步骤与装配件的装配步骤,更改零部件的装配顺序,增加工艺资源、工时、材料、物料等信息,以工艺过程中的工序为单位扩充 PBOM,最后形成 MBOM。它用作调配工艺资源、编制生产计划等管理工作的参考依据。

2. 设计管理相关理论研究

设计管理关键技术的研究以完成自升式钻井平台的设计管理信息化系统的研发为目标,突破纸质文档管理、管理方式简单、人工查询困难的原始管理方式,以协同管理的相关

关键技术为研究重点,以典型海工企业自升式钻井平台项目管理实例为技术可行性的验证手段,确定设计管理的主要研究内容。

为了提高海工项目管理模式与海工企业实际流程的适应性,拟采用 ARIS(Architecture of Integrated Information System)技术和 UML(Unified Modeling Language)建模语言从多维度、多视角(功能视图、信息视图、资源视图和组织视图)、项目生命周期设计方面进行业务流程建模,进而整合多家典型海工企业的业务流程,寻求海工企业项目管理主体目标,构建初步的海工项目管理多维矩阵。在此基础上,建立基于 ARIS 的集成化海工多项目管理业务流程架构。结合自升式钻井平台项目的特点和特殊需求,从多层面、多角度刻画企业内部及企业间的企业级、项目级业务活动,拟将多级多层的海洋工程项目协同管理体系层次结构分为项目群层、项目管理层、项目协同层和任务执行层四个层面。项目群层包括总体项目计划管理、多项目组合分析、多项目资源平衡、多项目协调机制;项目管理层包括项目控制计划管理与控制、基于多目标的多层次、项目计划优化;项目协同层包括项目专业计划管理与控制、资源需求平衡和协调;任务执行层包括项目计划进度监控与进度反馈、进度计算与进度分析。

3. 物资管理相关理论研究

物资管理是指企业在生产过程中,对本企业所需物资的采购、使用、储备等行为进行计划、组织和控制。物资管理的目的是,通过对物资进行有效管理,以降低企业生产成本,加速资金周转,进而促进企业盈利,提升企业的市场竞争能力。企业的物资管理,包括物资计划制订、物资采购、物资使用和物资储备等重要环节,这些环节环环相扣、相互影响,任何一个环节出现问题,都将对企业的物资供应链造成不良影响。因此,在市场异常活跃的今天,物资管理已经成为现代企业管理的重要组成部分,成为企业成本控制的利器,成为企业生产经营正常运作的重要保证,以及企业发展与壮大的重要基础。

7.1.2 海工项目成本管理、质量管理、机械完工与调试理论研究

1. 成本管理相关理论研究

海工项目成本管理主要包括以下 11 种岗位角色,如图 7-1 所示。

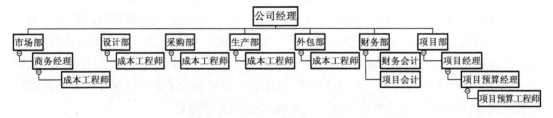

图 7-1 项目成本管理相关角色

各角色职责如表 7-1 所示。

表7-1 各角色职责

角色	来源部门	职能描述
成本工程师	市场部门	在项目投标之前协调各部门的成本工程师进行项目成本估算,确定项目投标报价
商务经理	市场部门	对投标报价进行审核确定,递交给项目领导小组进行审核
成本工程师	设计部门	估算阶段,提交任务清单,参照模板或者 CER,确定设计相关的大致设计成本;预算阶段,提供详细物资清单,项目设计预算分解,确定项目设计预算成本实际发生阶段,反馈设计部分预算执行情况,查看是否发生预算变更,提交预算变更申请
成本工程师	生产部门	估算阶段,提交任务清单,参照模板或者 CER,确定生产相关的大致劳务成本;预算阶段,项目生产预算分解,提供各专业预估工时;成本实际发生阶段,反馈生产成本实际执行情况,查看是否发生预算变更,提交预算变更申请
成本工程师	采办部门	估算阶段,提交任务清单,参照模板或者 CER,确定大致采购成本;预算阶段,询价、制订采购预算、采购清单;成本实际发生阶段,反馈采购预算执行情况,查看是否发生预算变更,提交预算变更申请
成本工程师	外包部门	估算阶段,提交任务清单,参照模板或者 CER,确定大致外包成本;预算阶段,提供劳务单价,制订劳务预算和外包预算清单;成本实际发生阶段,反馈劳务预算执行情况,查看是否发生预算变更,提交预算变更申请
预算经理	项目管理部	成本预算阶段,负责审批成本预算书等
预算工程师	项目管理部	预算分解,向项目组各部门下发预算分解,成本预算阶段成本统计、提交、下发,生成预算成本执行看板和预算执行文件,预算变更
项目经理	项目管理部	查看审核成本相关数据和文件,给出审批意见
项目预算经理	项目管理部	项目预算执行过程中,对预算执行进行管控,包括查看审核预算执行文件、审核预算变更
项目会计	财务部门	接收实际成本发生数据,对比分析成本预算与实际发生成本,制订月度、季度成本分析报告,对成本进行预警控制
财务会计	财务部门	项目成本基础数据录入,项目成本基础数据查询,项目成本基础数据处理、统计、发布资金流预算;接收各业务部门反馈成本执行情况
项目领导小组	公司	查看成本数据,审核估算报价、项目预算、预算变更

2. 质量管理相关理论研究

根据海工产品行业及国内的生产经营特点提出相应的质量管理系统解决方案,并着重在以下两方面进行研究:

①全面质量管理实施下的海工产品质量管理系统功能建模和信息建模;

②全面"集成"的海工产品质量管理系统质量信息统一编码。

先进国家对产品的质量非常重视,并且建立了完整的质量管理体系。纵观我国公认的质量管理,其主要经历了以下几个阶段:产品检验阶段,主要是对产品的生产标准进行检验,看其是否符合生产标准;统计检验阶段,也是抽样检验,随着机械化生产的实施,流水线式的生产模式被应用在产品生产中,因此需要采取抽样式的检验模式;全面质量管理阶段,就是以最经济的手段,在满足市场消费者需求的情况下,通过调动所有职工的积极性,实现企业产品质量的不断提高。

随着国际贸易发展的需要和标准实施中出现的问题,特别是服务业在世界经济中所占的比重越来越大,ISO/TC 176 分别于 1994 年、2000 年对 ISO 9000 质量管理标准进行了两次全面的修订。由于该标准吸收了国际上先进的质量管理理念,采用 PDCA 循环的质量哲学思想,因此对于产品和服务的供需双方都具有很强的实践性和指导性。该标准一经问世,立即受到世界各国普遍欢迎,到目前为止世界已有 70 多个国家直接采用或等同转为相应国家标准,有 50 多个国家建立质量体系认证/注册机构,形成了世界范围内的认证"热"。

全面质量管理(Total Quality Management,TQM),就是指一个组织以质量为中心,以全员参与为基础,目的在于通过顾客满意和本组织所有成员及社会受益而达到长期成功的管理途径。在全面质量管理中,质量这个概念与全部管理目标的实现有关。

最早提出全面质量管理概念的是美国通用电气质量经理费根堡姆。他的著作《全面质量管理》于 1961 年出版。该书强调执行质量职能是公司全体人员的责任。应当使企业全体人员都具有质量意识和承担质量的责任。他指出:"全面质量管理是为了能够在最经济的水平上并考虑到充分满足用户要求的条件下进行市场研究、设计、生产和服务,把企业各部门研制质量、维持质量和提高质量的活动构成一体的有效体系。"此后费根堡姆的全面质量管理概念逐步被世界各国所接受。每个国家依据本国的实际情况使其形成具有该国特色的质量管理模式。

我国自 1978 年推行全面质量管理以来,在实践和理论上都有较快发展。全面质量管理正从工业企业逐步推行到交通运输、邮电、商业企业和乡镇企业。在海工建造、船舶修理、船用产品生产等领域的企业也逐步在认识全面质量管理,有条件的企业在尝试推行全面质量管理。质量管理的一些概念和方法先后被制定为国家标准。1994 年我国采用了《质量管理和质量保证》系列标准。广大企业在认真总结全面质量管理经验与教训的基础上,通过宣传和贯彻 ISO 9000 系列标准,进一步全面深入地推行了这种现代国际通用的质量管理方法。

3. 机械完工与调试理论研究

结合自升式钻井平台的建造情况,梳理机械完工管理与调试管理的业务流程,将企业模型重新进行流程再造,开发更加完善的机械完工与调试管理系统,形成规范化、合理化的管理体系。

机械完工和调试管理不是靠哪个职能部门就能完成的,它对技术图纸的标注、材料设备的过程确认、组装过程的确认及实现系统功能所需要的其他辅助系统都有明确的要求。机械完工按照在项目生命周期中需要开展的工作不同,大概分为四个阶段:

(1)定义准备阶段

这个阶段主要是准备前期需要的图纸、系统的划分、设备报验项等,并做好记录。

（2）完工检查阶段

这个阶段主要是建造方、船东方面、其他供应商一起配合执行的重要阶段，要求各方严格遵照机械完工法则，在调试大纲的要求下依次开展系统的机械完工检查与交验工作。建造方必须按照规范要求执行机械完工和完工证书的要求，并做好所有报验相关文档的管理工作，以备在项目结束时提交给客户。

（3）预调试阶段

这个阶段主要是作业工程师得到作业通知后通知 HSE 检查。检查完成后，调试工程师在得到调试指令后，进行子系统的预调试工作。

（4）调试阶段

此阶段以子系统预调试结束为起点，预调试结束后，调试工程师对子系统交验，并形成校验报告。若校验过程中发现问题，则反馈给报验工程师解决；若各个子系统均无问题，则进行系统校验，同样若发现问题反馈给报验工程师，直至没有问题后由调试工程师进行整体调试，将调试结果发给船东、船检审核。将反馈意见提供给报验工程师，根据意见内容调整生产，直至船东、船级社审核通过，编制相关证书。

图 7-2 主要描述了项目机械完工与调试管理前期准备阶段与完工检查阶段的主要流程。

7.1.3 海工项目分包商/供应商/客户管理、HSE 管理、文档管理理论研究

1. 分包商/供应商/客户管理相关理论研究

相关的管理模式，包含分包商、供应商准入资质及审核管理，合同管理，客户询盘和投标管理等方面。

在海工项目这类复杂度高、工作量大、专业要求高的项目建造过程中，分包管理成为必不可少的项目执行方式。分包业务的主要形式包括劳务外包、工作量外包、场外建造产品外包、设计外包、检测检验服务外包、外协加工等。

劳务外包，指务工人员的实际管理权（包括人员的选、用、育、留）在发包单位，承包商按分包合同要求提供人力给发包单位的业务。该部分人员对应于公司的自主管理业务。

工作量外包，指发包公司以合同方式将特定的工作量委托给承包商完成，且以工作量为结算依据。工作量外包中的施工人员管理权在承包商，发包公司对该部分人员不直接管理。这些务工人员在发包公司场地内的行为需由其所属的承包商对发包公司负责。

场外建造外包，指发包公司现有场地等资源无法满足项目需求，公司以合同方式将特定的工作量委托给其他公司完成，且以工作量为结算依据的业务。

设计外包，指发包公司的人力、设备等资源无法满足项目设计的需求，将项目部分设计工作外包给其他公司进行设计，且以设计成果工作量作为结算依据的业务。

检测检验服务外包，指项目建造公司将产品的质量检验、性能检测等业务委托给第三方检测机构，以检测、检验成果报告作为结算依据的业务。

外包业务的过程包括确定外包需求、确定外包业务的类型选择、选定合适的分包商、对合同外包业务进行谈判、外包合同履行和成果验收归档。外包业务要求过程可控，合同先行签订，合同档案和执行可追溯。

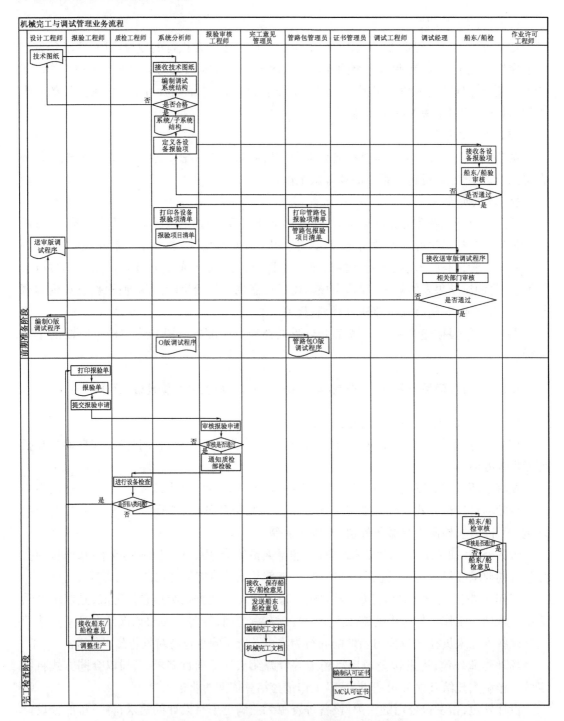

图7-2 机械完工与调试管理详细业务流程图

2. HSE 管理相关理论研究

海工项目 HSE 管理是实现企业健康、安全及环境一体化的管理信息系统。通过规范 HSE 管理基础资料,实现事前风险分析,确定其自身活动可能发生的危害和后果,从而采取有效的防范手段和控制措施防止其发生,以便减少可能引起的人员伤害、财产损失和环境污染;通过及时传输 HSE 管理信息,实现全员参与、分层把关、系统控制及信息资源的共享;通过分析 HSE 数据,及时发现管理中的改进机会,实现企业的持续改进过程。

3. 文档管理相关理论研究

作为典型的海洋工程装备,自升式钻井平台设计建造项目的管理是典型的跨组织复杂项目并行协同 ETO(Engineering to Order) 和 OKP(One of a Kind Production) 的过程,具有单件小批生产,技术含量高,产品结构极其复杂,制造工艺过程复杂,建造环节多,建造周期长,建造部门多,建造成本高,高风险,交货期紧,多项目交叉并行生产,多企业、多部门、多专业协作等生产特点。其建造过程是以总承包企业为核心的跨专业、跨部门、跨企业供应链——项目导向型供应链协同完成的。可见海工装备建造项目产生的文档资料数量大,种类多,传统的纸质档案管理方式远远不能满足现代造船模式下企业项目管理的需要,而电子图文档具有便于共享、传播迅速、成本低的特点,但是其也存在一个缺点,那就是管理难度大。电子图文档不同于纸质文件的保存,容易受人员岗位变化等因素的影响,或者实际收集的图档文件与各部门实际产生的电子文件数量严重不符,大量的电子文档全部或部分仍然分别保存在各部门,使宝贵的信息资源不能集中管理,所以建立以图档保存和再利用为主要目的的图档管理系统,对形成的电子图文档及时收集并进行统一管理非常重要。

综上,现代海工企业对文档管理系统的需求基本如下:建立完整的文档数据库,能实现对不同专业的设计图纸整编和归档,通过合理的数据库设计有效地管理各类工程图样、文档、扫描图片的电子图文档;可以按照不同部门、不同类型将电子图文档进行分类管理;实行严格的权限控制,保证各种图纸、文档在权限允许范围内进行利用;可以实现对电子图文档的收集管理,避免项目核心数据丢失、泄密;可以方便各专业的设计人员随时获取库存图档信息,提高设计图档的利用率;可以通过各类文档、工程图样的管理和不断积累,为建设电子化无纸办公打下良好基础。

(1)海工项目文档管理模式

常见的海工项目文档管理模式主要有物理文件柜管理模式、数据库文件柜管理模式、大文件管理模式等。下面对上述文件管理模式详细阐述:

①物理文件柜管理模式

文档管理系统作为产品数据管理的支持系统,可以接收计算机应用系统所产生的所有文档,包括书写的文档、扫描的文档、声音影像多媒体文档或其他信息载体上的文档。而且文档管理系统需要将大量文件集中存放在服务器,并进行授权管理。

文档管理系统管理文档资料的基本方式:先建立一个文档基本记录,在该记录中存放着文档的全部数据集,这些数据集可以随着不同的管理需要而动态扩充,最终每个文档的基本记录会记录一个物理的文档链接(电子文件、纸张或其他媒介)。

一般情况下,文档管理系统中主要管理的物理文档是电子文件,为了管理大量电子文件,大部分文档管理系统都是采用独立文件服务器架构,即在文档系统数据库中只记录文档的基本记录,在基本记录中用字段描述文件服务器上对应的电子文件物理位置。

文档管理系统在接到客户端查询电子文件的提示后,会通过文档基本记录中所记录的文档物理位置,找到对应的文件服务器并检出电子文件,然后依据系统指令完成后续各项操作。

由于这个管理方式只是在数据库服务器上建立一个文件物理位置的数据表记录,并没有真正存放物理文件,而是将物理文件从客户端集中上传到文件服务器的指定文件夹中进行统一管理,在需要的时候,再从文件服务器中下载到客户端指定目录下去完成相关操作,因此这种方式也被形象地称为"文件柜"管理。我们可以看到,通过这种方式进行存储,文件服务器中的电子文件柜对最终用户而言是不可直接访问的,只能通过文档管理系统进行访问,这样就保证了文件的安全性。

②数据库文件柜管理模式。

现在有一种新的文档管理系统设计方案采用了数据库文件柜管理模式,也就是在文件入库时直接将本地文件压缩加密成二进制代码,然后将文档作为一个扩展字段或多个扩展字段直接存放在文档基本记录数据表中。在系统需要的时候,可以将文档直接从数据表的对应字段解压解密后,下载到客户端完成后续操作。

传统文档管理系统很少采用数据库文件柜形式,主要是因为早期关系数据库产品对大数据元文件的检入/检出处理响应效率不高,而且服务器性能同时承担文件服务和数据服务,压力很大。因此当时主流的文档管理系统都采用数据服务器和文件服务器可分离管理的方式设计。

从另一个角度来看,在文档管理系统刚开始推广时,保留一个整体的物理文件柜比较符合用户对电子文件管理的心理习惯。然而随着数据库技术的发展,特别是对大数据处理技术的改进,现在的关系数据库处理大文件能力非常强大,对几百兆比特的文件进行处理非常轻松,而且服务器性能提升更快,所以目前主流产品数据管理系统也有采用直接将文件压缩分段后存放在数据表中的管理方式,也就是数据库形式的文件柜。

数据库文件柜管理模式最大的优点就是数据安全性得到很大提高。首先,文档管理系统可直接利用数据库产品所提供的加密安全技术,达到文件目录很难达到的安全级别,因此能够有效阻止恶意访问。即使入侵者能够进入数据表,但是没有解压解密算法的支持,同样也无法获得原始文档,因此带走数据库备份并不能获得物理文件。而如果物理文件柜的备份流失就相当于全部文件的流失,这点特性也很符合一些对保密要求很高的单位的需求。数据库文件柜管理方式的第二个优点是数据库文件柜检入/检出的判断相对简单,即只需要判断一条记录是否读写操作完毕,而不需要同步判断物理文件柜的实时状态,因此在程序实现上相对简单。数据库文件柜管理方式的第三个优点是在数据库文件柜的备份工作中,可以利用各种现有数据库工具进行方便的定时备份、增量备份和双机备份。数据库文件柜管理方式的第四个优点是无须考虑硬盘空间占用的问题。数据库文件柜本身对文件进行了压缩,对硬盘空间占用小。在利用物理文件柜管理的时候,经常遇到的一种情况就是,一个硬盘分区被占满,所以文档管理系统将不得不设计一个程序来解决硬盘分区文件存储空间不足以后如何自动转移到其他分区的问题。但在数据库文件柜管理方式当中,因为数据库本身就支持数据库文件自动在硬盘中建立映像空间扩展,所以这个问题的解决不需要额外的解决方案。

③大文件管理模式

用数据库文件柜尽管有诸多优点,但对于特大文件的管理来说,采用数据库文件柜也存在缺点:文件过大时,数据读取时间过长,占用物理带宽过大,服务器难以同时承受多个并发的大文件访问需求。在这种情况下,保留物理文件柜管理大容量文件还是一种可行的解决办法,大文件的读取负载可平衡到文件服务器上。

无论是物理文件柜还是数据库文件柜,对由一些专业程序产生的单个巨大数据文件管理都存在困难。例如,现在一些CAE程序产生的单个文件大小轻易可以超过1 GB,甚至达到3~4 GB的大小,如果将这些文件检入到文档管理系统文件柜中,无论是物理文件柜还是数据库文件柜,都是一个相当费时的过程。

由于这类文件依赖于专业程序访问,因此这些文件一般都保存在相关程序所安装的机器硬盘上,而且这种文件并不存在大量并发检入检出的需求,所以还有一种解决思路:在客户机上开辟一块硬盘空间作为本地文件柜,并给予操作权限限制,PDH系统只记录文件存放位置,文件不放入集中的文件柜管理。

(2)几种文件管理方式对比分析

用文件服务器单独存放和管理电子文档是大部分文档管理系统采用的方式,在实际应用中也取得了大量应用验证,是能满足一般性用户需求的一种成熟管理模式。数据库文件柜是一种相对新的技术方向,有其优越性。但很多企业担心在文档数量达到一定规模后,用数据库做文件柜软件性能是否会随之下降,这也影响了数据库文件柜的推广。

实际上,无论是文件柜还是数据库,查找文件的原理基本类似,文件柜是找到文件所在数据表记录,其上记录了文件访问路径,然后文档管理系统通过路径访问到文件后进行相关操作。在数据库文件柜中也是找到文件所在数据表记录,然后解压该记录上对应压缩字段,从而在得到文件后进行相关操作。

采用这两种方式进行数据管理,在文档管理系统中检索到一个文件的时间相差无几,真正影响文件出入库时间的因素还是文档解压解密时间、文件大小和处理逻辑复杂程度。而且因为在现在的硬件条件支持下,解压解密算法速度都不会过于影响文档检入检出的速度,因此文件的大小及处理逻辑复杂程度才是最关键的影响文档检入检出的速度因素。

根据电子文档类型不同,文档管理系统应该可以同时支持数据库文件柜、物理文件柜和本地文件柜等多种模式,以在不同业务场合灵活地配置不同的文件柜管理方法。而且在分布式应用环境下,还需要提供不同类型文件柜管理模式的异地文件柜同步技术支持,这也应该是未来文档管理系统文件存储管理模式可以发展的一个方向。

7.1.4 海工项目变更管理、决策管理、风险管理理论研究

1.变更管理相关理论研究

信息化管理手段的高速发展,使得对工程变更的效益、成本研究更加可行。Huang、Yee和Mak指出由于市场需求和技术进步,复杂产品的设计变更不可避免,并先后在英国和中国香港选取上百家制造型企业进行了工程变更的实证研究,其主要关注点就是平衡工程变更管理的效益与效率。美国汽车工业行动集团于2005年发表了关于汽车产品工程变更成本评估报告,报告指出福特、通用、克莱斯勒等公司每年共约发生35万起工程变更,并宣称每项工程变更涉及的成本花费约为5万美元,Sullivan也在2004年发表研究指出,麦格纳公司(世界第三大汽车零部件供应商)平均每个项目中一个月发生约12 000起工程变更。Anna Wasmer、Günter Staub 和 Regine W. Vroom 在一项研究中回顾了前人的成果并指出,虽然各

家公司统计工程变更成本的方法不同,导致成本统计存在差异,但是他们都有一个共识:工程变更的影响是非常巨大的。何湘初在前人研究的基础上,提出以相似成本法设计评估了微波炉产品工程变更的成本影响,为工程变更的影响确定提供了一个全新的思路。黄裕焕从造价投资限额入手,提出控制工程变更需要做到严格把关工程变更的原因,以人为因素变更为主要控制源头,强化工程各方和造价师在工程变更中的作用。尹贻林、唐海荣、翟露在成本加利润原则下对工程变更综合影响的确定进行研究,明确界定无适用或类似子目综合单价中成本和利润的组成,认为工程变更影响应由人工费、材料费、机械费、管理费组成,用相应成本加上合理单价确定工程变更综合单价,以期减少变更事件引起的工程价款纠纷。

牛子晗在《造船企业要谨慎应对造船合同中的默示条款》一文中提到船厂与船东就工程变更价款支付多少引发的纠纷处理,提出工程变更的诱发原因对价款调整判决的影响,通过案例分析指出建造方要及时与船东沟通变更事项,并以书面形式加以确认,变更后收集整理明确的变更花费作为变更补偿的依据,才能尽量避免双方因变更引起的经济纠纷。陈敏提出工程变更时合同调价的依据,应以建造方承担的成本为主,加上合理的管理费用与利润,以平衡双方的利益并减少冲突。吴书安则系统地阐述了建设合同工程变更的分类、管理,从工程施工进度的角度,对建设工程变更价款的控制进行了阐述,并提出变更工程综合单价是由人工费、材料费、机械费、管理费加上合理的利润组成。董慧领和李晓娟认为工程设计是工程变更价款确定的源头,工程合同是确定价款的依据,从源头出发,牢牢把握工程变更的工作量,以实际数据为基础确定变更引起的成本变化,最终确定合理的变更价款。张南峰认为工程变更的价款确定应该以国际咨询工程师联合会发布的《电气与机械工程合同条件》为基础,当合同中有相应的计价项目时,应将变更工程分解成各相应的计价项目分别计价,当合同中无相应计价项目的变更工程定价时,可以在保持原有报价不受实质影响的前提下,对新增工程部分按预算方法定价,以此加权确定变更价款。

2. 决策管理相关理论研究

GDSS 是在多个 DSS 和多个决策者的基础上进行集成、优化的结果,即 GDSS 是集成多个决策者的智慧、经验及相应的决策支持系统组成的集成系统。它以计算机及网络为基础解决一些半结构化、非结构化的问题。随着通信、计算机等各种技术的进步,如电子会议、局域网、远距离视讯会议和决策支持软件等研究成果不断涌现,GDSS 技术的发展日益成熟。

(1)决策室(Decision Office)

每个决策者有一台计算机终端,在同一会议室中,可利用各自的 DSS 系统进行决策,GDSS 的组织者协调和综合各决策者的决策意见,使 GDSS 优选出群决策结论。会议室中有大屏幕显示出各决策者的决策方案和结果,以及统计分析数据和有关的图形、图像,供参会者进行讨论。

(2)局域决策网(Local Decision Network)

利用计算机局域网使各决策者在各自办公地点进行群决策。GDSS 的组织者组织各决策者通过局域网进行通信,传输各自需要的输入、输出信息,交流彼此的意见。GDSS 组织管理者根据各方意见最终得出结论。

（3）远程会议（TeleConferencing）

远程会议是指多个地点的会议室通过可视通信设备连接在一起,使用 ISDN、Internet、卫星通信、电子白板等技术组织会议并进行决策。打破地域的限制,使参与决策的人数增多,听取的意见更加广泛。

总体而言,GDSS 适用于知识繁多、内部和外部情况复杂、形势急剧变化的决策环境。

3.风险管理相关理论研究

风险管理体系通常包括了风险本身的管理与非风险本身的管理,有时候非风险本身的管理甚至要重于风险本身的管理。从这个角度来说,管理是艺术。然而很少有企业充分探讨信用风险管理的关键原则,在战略层面没有进行过深入的思考,在策略层面没有积极应对,往往是头痛医头、脚痛医脚,很少系统地思考做事情的方式和方法,始终没有形成有效的方法论和管理体系。全面风险管理体系由内部要素和外部要素构成。

7.2 海工项目信息化管理关键技术与方法研究

7.2.1 海工项目 BOM 管理、设计管理、物资管理关键技术与方法

1.BOM 管理关键技术与方法

（1）BOM 的生成方法

物料清单的生成以产品结构为基础,包含从最低层次直到产品层各个层次的零部件结构,可以生成不同格式和结构的物料清单,以满足不同类型的应用需求。相互关联的零件按照特定装配关系可组装成部件,一系列零件和部件装配在一起则构成产品。将产品按照部件和零件进行分解,并且将部件进一步分解成子部件和零件,直到不能分解为止,由此形成分层树状结构,称为产品结构树,如图 7-3 所示。

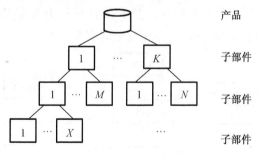

图 7-3 产品结构树

（2）BOM 多视图映射技术

BOM 是企业基础的核心数据,是联系企业设计制造和生产经营管理的桥梁。BOM 描述产品的物料组成,并在企业的不同部门间传递产品信息。不同部门的 BOM,由于用途不同而存在多种 BOM 视图。

工程 BOM（Engineering Bill of Material,EBOM）是产品设计部门用来组织管理产品零部件物料的清单,反映产品装配结构和零部件的详细信息,是产品设计的最终结果。

工艺 BOM(Planning Bill of Material,PBOM)是工艺部门组织和管理某产品及相关零部件工艺的文件,在 EBOM 的基础上,加入零部件的工艺流程和相关设备等工艺信息而成。

制造 BOM(Manufacturing Bill of Material,MBOM)是制造部门按照 EBOM 和 PBOM 结合生产实际,加入详细工艺、工序信息和生产目标计划后形成的。

采购 BOM(Buying Bill of Material,BBOM)是根据 PBOM 和 MBOM 中对零部件的分类,确定出所要采购的标准件、外加工件及自制件所需的原料等相关信息。

成本 BOM(Cost Bill of Material,CBOM)描述产品的全部成本信息,是会计部门根据设计、生产和采购部门等提供的 BOM,加入企业经营成本后所形成的产品和零部件的最终成本。

销售 BOM(Sale Bill of Material,SBOM)是销售服务部门销售最终产品时提供给客户的产品物料需求,详细记录产品的零部件结构及相关备件和附件等信息;同时也可以是按客户需求定制的个性化产品。

BOM 本身就体现出数据共享和信息集成的性质,且随着用户需求、设计和工艺等的更改,生产条件的改变而处于动态变化中,因而保证和维护众多 BOM 视图数据的完整性、正确性和一致性就显得十分重要。

数据映射的基本类型有:①遗传映射,指视图映射前后数据属性没有发生变化;②变异映射,指对不同的视图应用数据属性发生不同的变化;③衍生映射,指在原有数据的基础上产生新的属性数据;④聚合映射,指映射前的不同数据经协同处理为映射后的一个数据;⑤分布映射,指分布式的数据库需要将数据分发到不同地点以实现数据异地的传输与共享。

实际应用中的 BOM 多视图映射是上述五种方式的混合应用。国内船企基本采用基于单层 BOM 的单一数据源多视图映射技术,可以有效地满足 BOM 多视图管理、维护和数据的实时更新,从而保证多个视图数据的完整性、正确性和一致性。BOM 底层存储系统的数据库由多张表组成,不同的表组合经不同的映射方式形成不同的 BOM 视图,以适应不同部门的不同用途。映射关系如图 7-4 所示。其中,EBOM 作为多视图映射的基础,详细记录产品的结构装配信息,其他 BOM 视图分别由此映射变换而来。

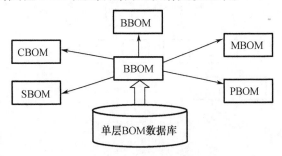

图 7-4 BOM 多视图映射

2. 设计管理关键技术与方法

(1)基于工作流的海工项目设计管理技术研究

工作流是一系列相互衔接、自动进行的业务活动或任务。一个工作流包括一组任务(或活动)及它们的相互顺序关系,还包括流程及任务(或活动)的启动或终止条件,以及对每个任务(或活动)的描述。研究人员通过研究基于工作流的海工项目设计管理技术与方法,从而实现自升式钻井平台项目设计任务过程管理与监督。

(2)项目设计进度管理技术研究

研究人员通过研究基于优先权、关键路径法和多级多层优化决策的海工项目设计进度管理技术与方法,从而解决跨专业、跨部门、跨企业项目协同运作的自升式钻井平台项目设计计划与进度控制问题。

3.物资管理关键技术与方法

(1)物资管理技术研究

实现物资独立有效管理及与其他系统的有效接口处理。

其技术要点为以下几个方面:

①基于复杂数据结构的软件集成开放式接口,包括数据框架接口的定义、描述、规范与结构。

②物资管理系统各功能模块独立封装,实现统一的系统框架结构和数据交换手段。

③基于 Web 的远程业务系统、远程管理系统的集成与互操作,满足海洋工程特殊行业的信息化需要。

④基于 B/S 信息化集成系统和体系结构,实现统一的信息访问渠道。

(2)物资管理技术设计、建模

本项目要突破以往海工信息化只停留在企业 OA 这一较低层面的管理,实现涉及物资全生命周期管理和与其他系统的有效接口。

其技术要点为以下几个方面:

①建立复杂环境下的工作流定义模型和数据库定义,实现一体化数据集成环境;

②通过统一的系统框架结构和数据交换手段,开发独立的功能模块,实现业务功能封装,同时预留与其他信息系统之间的关系、模式和数据接口,满足系统各模块之间数据共享和交换;

③实现安全的身份认证,具备统一认证接口;灵活的用户管理和权限设置;

④确定管理系统可量化管理的数据项,合理布局数据库。

7.2.2　海工项目成本管理、质量管理、机械完工与调试的关键技术与方法

1.成本管理关键技术与方法

(1)项目成本管理内容和典型工作流程

项目成本管理过程可划分为成本估算管理阶段、成本预算管理阶段和成本核算控制管理阶段,管理内容按工作阶段分为估算管理、预算管理、核算管理和成本综合统计分析这四个方面。

(2)海工项目成本管理现状和问题分析

海工行业的成本管理是一个系统化工程,应贯穿于海洋工程产品的整个生命周期。工程成本管理时间跨度大、涉及环节多、范围广、难度高,导致成本管理非常复杂,大部分企业的成本一直停留在低水平管理阶段,经常导致企业"预实"两张皮的现象。基本情况如下:

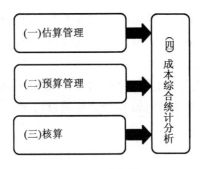

图 7 – 5　成本管理

多数企业以传统成本控制为主。但由于产品和建造过程的复杂性、特殊性,先进的成本管理理念、方法等在我国海工企业运用得不全面、不深入,往往以事后成本核算为主,事前预估、事中控制相对较弱。

成本管理缺乏有效工具,面向海工行业的成本管理信息化系统建设仍处于初级阶段,普遍停留在 Excel + 手工的阶段。成本管理人员工作量大、压力大,经常出现数据一旦有错就要重来的尴尬局面,但效率和效果都难让管理者满意。

对决策支持的力度比较低。较难利用历史信息进行快速综合统计分析,对当前的成本数据的对比分析也较弱,不能提供必要的决策支持。

没有适应性强的成本管理信息系统进行管理,成本数据存放分散,成本管理工作基本一靠人,二靠经验,无法充分利用前人的数据和成果,一旦数据丢失或者人员离职,成本管理工作就会大受影响。成本数据的安全性、保密性也难以被保证。

成本管理方法落后。对于以管理复杂度高而著称的造船行业,其成本范围广、项目多、工作量大,必然决定了成本管理的要求高、负担重、难度大、花费时间长,特别是普遍缺乏系统工具支持的成本管理方法会导致部分造船企业的成本管理人员为了省事就将工作简单化,从而导致数据粒度粗,最终不能提供决策所需正确信息,不能深入反映经营过程,不能提供各环节的成本信息及各环节成本发生的前因后果,难以保证有效成本分析、决策所需的必要支持力。

2. 质量管理关键技术与方法

(1)全面质量管理(TQM)关键技术研究与设计

①全面质量管理(TQM)关键技术研究

全面质量管理的基本原理与其他概念的基本差别在于,它强调为了取得真正的经济效益,管理必须始于识别顾客的质量要求,终于顾客对他手中的产品感到满意。全面质量管理就是为了实现这一目标而指导人、机器、信息的协调活动。

内涵:它是以质量管理为中心,以全员参与为基础,目的在于通过让顾客满意和本组织所有者、员工、供方、合作伙伴或社会等相关方受益。

特点:全面性,是指全面质量管理的对象,是企业生产经营的全过程;全员性,是指全面质量管理要依靠全体职工;预防性,是指全面质量管理应具有高度的预防性;服务性,主要表现在企业以自己的产品或劳务满足用户的需要,为用户服务;科学性,质量管理必须科学化,必须更加自觉地利用现代科学技术和先进的科学管理方法。

②全面质量管理(TQM)关键技术设计

针对海工产品全面质量管理的特点,我们以造船设计、生产质量标准的建立、三级质量检验体系的实施为基础,制定造船设计、生产的质量标准,设立质量控制 QC 的专门机构;将船舶质量、交船期、船价综合作为产品质量指标;建立从配套产品采购、设计、加工生产到检验全过程的质量控制体系;研究质量控制成本与质量之间的关系,建立合理经济的质量标准体系。同时,全面质量管理是主体从被动发展到主动,质量管理的内涵从局部到全面的过程,进一步指出:在船舶设计和制造技术领域中,进行持续的技术积累和改造,以及把船用设备供应商产品的最终用户,即船东、船舶管理公司、船舶经纪、货主和港口码头,纳入全员参与的范围;建立符合 ISO 9000 标准系列的质量认证体系,把海上人命安全和海洋环境保护作为船舶设计和生产时所须遵循的一大质量宗旨;通过优化船舶性能改善系统和设备配置,从而最终降低船舶的建造成本,实现质量成本最大化。

其中又特别强调统一编码的质量标准体系。质量信息统一编码的质量标准体系是质量信息集成的前提,是很重要的一项基础性工作。它能统一协调各职能部门的质量信息收集工作,使之既符合系统整体要求,又满足各部门需要,可以减少对质量信息进行重复采集、加工、存储的情况,最大限度地消除因对质量信息的命名、描述、分类、编码不一致造成的误解和分歧,以保证质量信息的可靠性、可比性和适用性,使之真正成为与其他各分系统信息交流的纽带。

同时强调全员参与。在产品设计开发之初就鼓励供应商积极主动地参与,共同担负起向客户提供优质产品和满意服务的重任,同时在产品开发设计过程、建造过程、交付过程中,船东、船检等要提前介入,使涉及质量管理的对象从船厂向供应商、船东这两端做了全面的延伸落实,遵循第一次就要将船造好的宗旨。

(2)质量信息统一编码关键技术研究、设计与实现

①质量信息统一编码关键技术研究

质量信息统一编码需支持系统以下要求:

a. 质量信息的自动、半自动或手工采集;

b. 质量信息实现对产品质量的自动、半自动或手工反馈控制;

c. 质量信息的有效储存和查询;

d. 质量信息报表处理和文档生成;

e. 质量问题的追踪处理及评估;

f. 质量信息的共享与交换;

g. 为企业各级领导提供决策支持。

在实际的企业中,海工产品质量的形成所经历的业务过程是相对确定的,这种确定既指业务过程类型的确定,也指海工产品质量的形成所必须经历的业务过程数量的确定,而且特定的业务过程通常与一系列确定的岗位所对应。从信息角度分析,每一个业务过程都包含一定的产品质量信息和对这些信息的控制处理功能,这就可以通过一定的建模方法将每一业务过程所涉及的质量信息和信息控制处理功能映射成数据的方法,并在软件实现时,采用面向对象技术将它们封装成类。

综上所述,企业的质量业务职能是个数量上的有限集,且相对稳定,企业的质量业务职

能以"执行者的质量责任不可再分"为原则可分解为有限个相互关联但相对独立的业务过程,这样的业务过程包含处理对象的作业－质量事件。这样分解,实质上是使"事件"的责任人处于3－M,即朱兰所谓的"自我控制"状态。同时质量事件具有如下特点:

a.每个质量事件都包含具体明确的质量信息;

b.将质量职责、质量控制、质量文件有机地结合;

c.可用标准的作业程序规范其执行过程;

d.质量事件的不同结合可实现各种质量职能;

e.责任分明,便于对执行结果进行考评;

f.便于采用"面向对象"技术实现计算机化管理。

有了明确和具体的质量信息和其他相关信息,便能够对分布于整个产品生命周期的质量信息进行分类处理,并研究它们之间的联系。我们根据 ISO 9000 标准系列《质量管理和质量体系要素指南》,参考我们参研各家企业的质量体系现状,从整个产品生命周期出发,建立统一的质量编码标准体系。

②质量信息统一编码设计

在对各家参演单位调研的基础上,经过大量研究,我们在实际实施过程当中,我们经过以下阶段进行质量信息编码统一设计。

a.确定系统目标。根据海工项目建造的总目标确定信息内容,对企业与海工项目相关的数据与信息进行全面调查;分析各类信息的性质、特征;优化和重组信息分类;统一定义信息名称,提供系统设计数据。主要信息包括各种建造标准、设计文件(方案、计算书等)、工艺文件(工艺路线、工艺过程卡片等)、产品图纸、更改单等。

b.数据调查分析。

初步调查:初步调查是对企业的基本情况进行调查,包括海工项目设计文件、生产计划、检验类型、设备、工艺等。

现状调查:根据初步调查所确定的信息范围对企业现行的信息分类、编码情况和产品结构数据等进行深入的调查。

特征分析:对收集到的信息采用特征表的方法进行特征分析,对需要统一名称的或多名称的事物或概念、数据项和数据元统一定义。

c.确定清单。初步整理收集来的信息,列出清单或名称表,并尽可能使用文字、数字的代码进行描述。

d.制定编码规则。每个信息均应有独立的代码,信息代码一般是由分类码和识别码组成的复合码。分类码是表示信息类别的代码;识别码是表示信息特征(如结构形状、材料、工艺)的代码。

为了保证代码正确地输入,对较长的代码和那些关键性的代码,应加校验码,以检查其输入、传输等操作产生的错误。

不同类别的信息可以有不同的编码规则,对同一类信息采用等长编码。

e.建立编码系统。选用实际应用中已经成熟的编码系统,尽量采用企业已存在的各种不同内容的信息代码(如检验阶段代码、船级社代码),予以试套、调整和修改以变为本企业的信息编码系统。

f. 验证。编码系统形成后,应对编码系统进行验证、修改和补充,以确保编码系统的可靠性及适用性。

③质量信息统一编码实现

建立统一的质量标准体系是全面质量管理工作的重要基础工作,在建立全企业的质量信息模型基础上,对整个企业范围内的质量信息进行统一分类编码,实现质量信息集成,要使整个企业范围的质量信息达到共享,并且在不同部门之间使质量信息保持完整一致且不冗余。在外高桥全面质量管理实施过程当中,其统一编码体系实例如表7-2所示。标准检验项目如图7-6所示。

表7-2 外高桥统一编码体系实例

编码	内容
船级社编码	船级社种类管理
检验划分	检验大分类划分编码
检验类型	检验大分类各工种检验项目管理
涂装检验划分	涂装检验项目区分编码
检验结果编码	检验结果管理
标准检验内容编码	检验项目的标准内容编码
标准检验作业编码	标准检验项目编码 生成单船检验项目时应用基础资料
检验阶段编码	检验项目的检验阶段编码
检验申请编号编码	检验申请编号编码
意见发生节点划分	管理意见发生节点的编码
意见发放编码	管理意见来源的编码
意见编号	管理检验编号的编码
意见原因编码	管理意见原因的编码
反馈编号	管理反馈编号的编码

图7-6 标准检验项目

可以看出,质量信息编码具有唯一性、可扩性、规范性、识别性,同时具有编码简明、码位含义明确的特点,并与自升式钻井平台设计建造信息化其他信息编码方案保持一致。

3.机械完工与调试管理关键技术与方法

(1)机械完工与调试管理工作流技术研究

a.工作流的定义。工作流是将业务的部分或者整体在计算机应用环境下实现自动化的一种技术,使用在参与者之间按照某种预定的规则传递文档、信息或者任务的过程自动进行,从而实现某个预期的业务目标,或者促使目标的实现。

b.工作流的选型。工作流技术分为两种:一种是业务流程型,比如我们的一些事件处理、服务流程、合同审批、设计审批等,需要根据各种表单的内容进行人机交互来自动管理这个过程;另一种就是状态机型的,即根据一件事情的状态变化自动进行处理,常用一些工业自动化控制系统。

c.工作流管理实现的功能。工作流管理可以实现工作流的自定义、工作流的执行、固定流程和自有流程的结合、表单数据的自动生成、跟踪与回溯、监控和管理、自动管理、自动更新数据库、分支选择流、条件选择等。

d.工作流预计的应用。机械完工与调试管理中的FAT意见管理、报验意见管理及调试意见管理中可采用工作流技术,可以更好地实现上下游沟通,提高工作效率,降低成本,改进工作质量,提高系统的灵活性。

(2)机械完工与调试管理集成SSH框架技术研究。集成SSH框架的系统从职责上可分为表示层、业务逻辑层和数据持久层等三层,以帮助开发人员在短期内搭建结构清晰、可复用性好,维护方便的WEB应用程序。其中使用structs作为系统整体基础框架,负责MVC的分离,并控制业务的跳转;利用hibernate框架对持久层提供支持;spring作为管理,管理structs和hibernate。

7.2.3 海工项目分包商/供应商/客户管理、HSE管理、文档管理关键技术与方法

1. 分包商/供应商/客户管理关键技术与方法

(1)供应商审核评价技术研究

对于采购工作来说,合理选择供应商是非常重要的一步,它关系到企业降低采购成本,是保证以准确的时间和准确的数量采购物料的前提,是生产顺利进行的保证。供应商的选择主要是由采购部门执行,同时,财务部门和其他有关部门也要参与谈判等工作,并对供应商选择结果进行评价。采购部门在采购业务开展之前,要向供应商索取采购商品的报价、规格、折扣、信用条件等信息,并进行经济效益分析,选择对企业最有利的供应商。在选择供应商的决策过程中,应对供应商的情况进行综合分析,不仅要对质量、价格进行考察,同时还要考虑运输条件、信用条件等。

(2)项目客户关系管理技术研究

任何一个海工项目都是为项目的客户服务的,都是提供给项目的客户使用的,所以在项目管理中必须认真考虑客户的需求、期望和要求。海工行业具有客户总量少、需求集中的特点,与同一客户前后签订多份订单的情况较多,在这样的行业背景下,项目客户关系管理(Project Customer Relationship Management,PCRM)显得尤为重要。

项目客户关系管理源于"以客户为中心"的新型商业模式,通过建立以项目客户为中心、以市场为导向、以效益为目标的项目管理机制,使项目能够协同建立和维护与客户之间

进行沟通的统一平台,达到项目和企业最大盈利目的的管理方法。在项目管理过程中,客户既是产品的使用者,又是项目中的主要信息和主要约束条件的提供者,也是项目设计建造过程中重要的配合者和信息提供者。海工项目的整个生命周期中,沟通理解客户需求、处理客户意见都是重要的工作内容。

(3)分包商/供应商/客户管理实现技术研究

分包商、供应商与客户管理系统的实现主要包括两方面内容:一是管理系统框架的搭建技术;二是系统功能流程的设计与实现技术。

B/S 架构是一种随着 Web 技术的成熟发展起来的技术,是一种高度集中的分布式处理模式。B/S 体系结构的系统中,用户通过浏览器向网络上的服务器发出请求,服务器对浏览器的请求进行处理,将用户所需信息返回到浏览器。SSH 框架(Spring + SpringMVC + Hibernate)较普通 JSP/Servlet 开发模式,代码结构分层清晰,各层之间独立性和代码可复用性增强,可以允许层替换而不影响其他层代码,系统易于扩展升级。

MVC 全名是 Model View Controller,是模型(Model) – 视图(View) – 控制器(Controller)的缩写,一种软件设计典范,用一种业务逻辑、数据、界面显示分离的方法组织代码,可以通过采用 SSH 集成框架开发来实现 MVC 架构。面向服务的体系结构(Service Oriented Architecture,SOA)是一个组件模型,它将应用程序的不同功能单元(称为服务)通过这些服务之间定义良好的接口和契约联系起来。接口是采用中立的方式进行定义的,它独立于实现服务的硬件平台、操作系统和编程语言。这使得构建在各种各样系统中的服务可以以一种统一和通用的方式进行交互。

2. HSE 管理关键技术与方法

(1)HSE 管理技术研究

实现 HSE 独立有效管理。

①HSE 管理系统各功能模块独立封装,实现统一的系统框架结构和数据交换手段。

②基于 Web 的远程业务系统、远程管理系统的集成与互操作,满足海洋工程特殊行业的信息化需要。

③基于 B/S 信息化集成系统和体系结构,实现统一的信息访问渠道。

(2)HSE 管理技术设计与建模

本项目要突破以往海工信息化只停留在企业 OA 这一较低层面的管理,实现涉及 HSE 的过程管理。

技术要点为以下几个方面:

①建立复杂环境下的工作流定义模型和数据库定义,实现一体化数据集成环境;

②通过统一的系统框架结构和数据交换手段,开发独立的功能模块,实现业务功能封装;

③实现安全的身份认证,具备统一认证接口,灵活的用户管理和权限设置;

④确定管理系统可量化管理的数据项,合理布局数据库。

3. 文档管理关键技术与方法

(1)海工项目文档管理信息化目标

随着海工装备制造行业信息化快速发展,文档管理越来越受到船舶企业的重视,但是企业在进行文档管理的过程中,经常会碰到以下问题:海量文档存储,管理困难;查找缓慢,效率低下;文档版本管理混乱;文档安全缺乏保障;文档无法有效协作共享;知识管理举步维艰等。因此文档管理逐渐成为国内外业界研究的热点。文档管理信息化实现了各设计部门的设计信息共享及设计管理一体化,使产品设计、项目管理、制造等各个环节有机地集成在一起。因此文档管理系统的使用对企业有着重要的意义,具体表现在以下方面:

①提高整体管理效率和科学性。作为信息管理的重点,开发文档管理系统可优化图纸管理模式,实现图纸文件电子化的安全管理,提高工程设计数据信息的利用率。

②电子文档管理系统的开发,将改进目前的管理方式、管理体制,以适应今后电子化发展。

③查询利用文档档案的效率大大提高,在系统中,对所有管理的电子图档、科技档案、电子文件等都提供高效的统计与智能化的查找搜索功能。

④可使电子图纸资料等信息标准化、规范化,为将来信息化管理系统的实施打下良好的基础。

综上所述,文档管理系统的使用必将突破制约发展的瓶颈,对提高技术创新能力起到非常重要的作用,对推动企业信息化建设向前发展有着相当的现实意义。

(2)海工项目文档管理信息系统参考架构

文档管理系统中需要存储的文件包括原始电子图档和描述该文档的元数据文档,以及访问控制模型中的权限规则文件。电子文件是非结构化数据,元数据文档和权限规则文件都采用 XML 半结构化文件来表现。

对 XML 文件的存储方式有三大类:文件系统方式、关系数据库方式和 NativeXML 数据库方式。

电子文档管理系统对自身的要求是系统具有较高的安全性和稳定性;对元数据的管理需要数据库提供大量的并发控制、事务处理等;元数据需要较高的查询效率,在实际应用中,通常通过多条件的复合进行查询。

结合电子文档管理系统自身的特点,海工项目文档管理系统拟采用文件系统和关系数据库相结合的存储策略,在文件系统中,按照一定的类别存储电子文档及 XML 文件。在关系数据库中,将指向文件的链接或路径存储在数据库表中,将结构化的元数据解析得到的关键元素存储在关系数据库中,以数据库表的形式存储,便于对元数据的查询、索引和更新操作。此外还有其他一些数据表,故目前系统体系结构如图 7-7 所示。

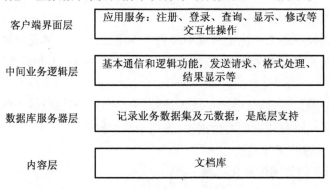

图 7-7 系统体系结构

内容层：文档源文件，包括常见的 Word、PPT、XML、图纸等格式，以文件的形式存储在服务器的文件系统中，是系统的数据源。除此之外，还存储 XML 格式文件的原始文档。

数据库服务器层：作为文档属性信息的数据存储在关系数据库中，为文档提供基本的管理和查询应用。

中间业务逻辑层：实现客户端对后端数据库的访问及业务逻辑规范。

客户端界面层：实现与用户的交互操作。

7.2.4　海工项目变更管理、决策管理、风险管理关键技术与方法

1. 变更管理关键技术与方法

（1）变更管理诱因分析关键技术研究

海工产品是典型的复杂产品，而复杂产品制造属于大型、单件、小批订单式生产组织方式，边设计、边生产、边修改是大型、单件、小批订单式生产企业最显著的特点，这一特点导致工程变更频繁发生。

我们将各类引起工程变更发生的因素称为工程变更的诱发因素，梳理这些诱发因素有助于进一步研究变更事项的产生。对于长期大型建造工程，工程变更的诱发因素主要来源于九个方面：主体行为因素、个体行为因素、合同因素、成本因素、市场因素、制度因素、质量因素、政策法规因素和环境因素。

通过梳理各家参研单位制造过程中易发的设计、建造、管理、检测等多种问题，综合考虑海工建造变更的情形，可分析出变更的诱发因素主要有以下几点：

①设计工期紧张导致设计深度不够，或者出现错误；

②与船东前期沟通交流不充分，存在认知差异；

③船东提请工程项目的使用用途发生改变；

④船检方提出工程不符合船只运营所在地船检标准；

⑤受工艺所限，不能达到工程既定目标，需要更换加工工艺；

⑥按合同规定，达到某特定条件则变更部分建造方案；

⑦供应商不能及时为紧急工程提供原材料或配套产品；

⑧现场技术人员提出更经济、合理的优化建造方案；

⑨管理手段落后以至于发生工人懈怠、偷工减料、操作失误等，引起工程返工；

⑩新出台的国家法律法规（包括船只运营所在国的法律法规）要求变更；

⑪其他不可抗力引起工程变更。

（2）变更管理影响分析关键技术研究

船舶建造工程变更事项是指在船舶建造过程中，由于各项诱发因素引起的偏离原工程计划的情况，这种偏离可能是工程量发生增减、价款发生变化、建造时间改变等。这些变更事项种类非常繁多：从内容上来看，包括建造合同变更、设计方案变更、建造施工方案变更；从效益上来看，又可分为积极的工程变更和消极的工程变更。积极的工程变更包括为提升建造效率改用更先进的建造技术，或者改用能够有效节省成本的建造材料；消极的工程变更主要是由于材料采购、生产管理、工人技术等方面发生不利事项而导致的工程变更请求，例如生产管理混乱导致工期被迫延长，工人技术不合格导致部分工程返工返修，不合格材

料导致中间产品质量不合格等。消极的工程变更往往是管理人员更重视的方面,因为它们是导致成本飙升的主要因素之一,如果不能对其进行有效的管理,将可能导致建造成本远远超出预期。

海工项目变更的影响如下:

①工期延误

工期延误是指由各种原因导致的工程计划完工时间向后推迟,也是一项常见的工程变更事项。一旦发生工期延误,会导致工程某些项目不能继续施工。如果工期延误发生在使用船台、船坞、码头、门吊等大型辅助生产设备的过程中,就会导致对大型设备的占用增加,同样该工程承担的成本分配数额也会增加。

②设计更改

主要涉及相应图纸的修改。这些问题包括:与船东沟通交流弥补差异;船东提请工程项目的使用用途发生改变;船检方提出工程不符合船只运营所在地船检标准;受工艺所限不能达到工程既定目标,需要更换加工工艺;按合同规定达到某特定条件则变更部分建造方案。

③材料更换与报废

当船舶建造过程中发生材料更换事项时,原领用材料可能存在以下三种状态:尚未加工处理;已加工成零部件且可以调用至其他工程;已加工成零部件且不可以调用至其他工程。船舶建造过程中,常常由于使用用途的变更或者设计变更导致更换已经采购的船用设备。

④返工返修

返工返修是指原工程已完工的工作被要求重新执行。主要包括两个方面:一是人工操作工作返工返修;二是机器加工工作返工返修。人工工作返工返修引起人工工时的增加,主要影响到工人薪资的评定;机器加工工作返工返修引起车间工时的增加,主要引起建造工程承担的期间费用增多。船舶建造周期较长,在不同的建造阶段人工工作和机加工作的工作量存在较大差别。

⑤成本增加

船舶建造工程变更成本是指在船舶建造过程中,由于变更事项的发生导致工程成本相较于原成本发生变化的部分,主要由直接材料、直接人工、期间费用、辅助生产成本等组成。工程变更事项对成本的影响多种多样,但是无论哪种影响方式最终都会汇集到成本核算项目上。当一项工程变更发生时,通过分析和计量这几项成本核算项目,就能够确定该工程变更所耗费的大致成本。

2. 决策分析关键技术与方法

海工项目管理系统的决策分析具体可细分为设计图纸进展情况分析、作业阶段建造看板、人均物量分析、质量情况分析、能耗分析、材料消耗分析、基础数据管理、数据导入管理等部分。其中,作业阶段看板、基础数据管理和数据导入管理主要用于数据的导入、存储、统计与展示功能,其余的设计图纸进展情况分析、人均物量分析、质量情况分析、能耗分析和材料消耗分析等模块则具体针对海工项目进展生命周期的各个关键指标进行分析、预测、决策和控制。

（1）决策分析设计图纸进展分析的数学模型研究

设计图纸进展情况分析从图纸份数的角度反映设计工作在各专业、各时间段内的工作分布，将进度与实际完成的图纸数量进行比较，以呈现设计的进度情况，供设计管理层、公司领导层决策使用。

（2）决策分析人均物量分析的数学模型研究

人均物量分析根据海工项目特点划分作业阶段，针对各个阶段特点选择各组典型物量指标，构造合适算法，从各个子系统中抽取数据，从而反映各阶段效率，为部门考核提供依据；对比一般标准数据，及时发现低效率问题，并及时调整。

（3）决策分析质量情况分析的数学模型研究

质量情况分析（即质量检验合格率分析）模块的主要作用是按照周期统计分析品质数据，为人力资源部门、生产管理部门、公司领导等对劳务队生产部门的经营管理提供决策依据。具体实现方法是根据海工项目当前生产派工特点，抽取班组报验数据，统计一次交验率，以图表的形式进行展示。

（4）决策分析能源消耗分析的数学模型研究

能耗分析从能源消耗的角度反映项目在公司及各生产部门的效率，为公司能源管理及考核提供依据。具体实现方法是根据海工项目各阶段完工特点分别统计完工物量、在册人数，与各职能部门汇总的能源消耗数据对比，计算单位物量能耗、人均能耗，以折线图、表格数据的形式呈现。

（5）决策分析材料消耗分析的数学模型研究

材料消耗率分析旨在从物料消耗的角度提供生产效率分析，为公司能源管理和考核提供依据。具体实现方法是根据海工项目各个极端不同的物量标准和各阶段需要的不同物料，如焊材、油料、油漆，按照不同的时间跨度和分类标准进行统计和分析，以图表的形式予以呈现。

3. 风险管理关键技术与方法

（1）模块功能描述

根据已识别的风险事件和成因，对风险事件发生的可能性和影响程度进行评估评分，最终对风险事件进行预控与应对，并对责任人进行登记，对风险事件进行持续跟踪。

由项目组对项目组内形成的阶段项目风险注册表中的风险事件进行可能性评估评分和影响程度评估评分，形成基于关键性评分和色标的风险注册表，进一步确认阶段风险事件预控与应对措施，跟踪管理责任人落实好登记工作，由此形成新的项目风险管理报告和项目风险管理跟踪表，对于风险管理报告重新进行风险识别工作，对于管理跟踪表进行落实预控措施。风险管理职能部门需要对整个项目风险管理报告和历史事件记录进行历史风险事件分析补充或修订风险管理标准，并登记到项目风险管理标准库中。

在进行风险事件评价时应对某个风险事件爆发的可能性和对目标的影响程度进行打分评价，由两者的成绩形成级别色，并以红、橙、黄三种颜色代表风险级别的大小。项目风险主要采取矩阵式定性分析方法，组织项目团队成员对识别出的风险事件进行可能性和影响程度定性评估，加权计算风险事件等级。评估过程可利用信息化管理系统协同和计算处理。

（2）项目风险可能性判断标准

表7-3　项目风险可能性判断标准

	5	5	10	15	20	25
	4	4	8	12	16	20
影响	3	3	6	9	12	15
	2	2	4	6	8	10
	1	1	2	3	4	5
	0	1	2	3	4	5
		可能性				
		低	中		高	

表7-4　项目风险影响程度判断标准

项目目标	很低1	低2	中3	高4	很高5
成本	增加不显著	增加小于10%	增加10%~20%	增加20%~40%	增加大于40%
进度	拖延不明显	拖延小于5%	拖延5%~10%	拖延10%~20%	拖延大于20%
质量	局部瑕疵，船东让步接收	返工后符合标准	返修后船东让步接收	船东不接收	船检拒发证书

表7-5　项目风险可能性判断标准

发生概率		很高5	高4	中3	低2	很低1
基准		$P^* >80\%$	$60\% <P\leqslant80\%$	$40\% <P\leqslant60\%$	$20\% <P\leqslant40\%$	$P\leqslant20\%$
描述	技术因素	无应用经验，技术方案未验证	无应用经验，技术方案模拟验证	可借鉴经验有限，技术方案模拟验证	企业内部无应用经验，企业外部有成功经验借鉴	以前企业内部项目中有成功应用经验
	计划因素	无经验，且未留有余量	无经验，留有少量余地	基于一定经验编制，未留有余地	基于一定经验编制，留有少量余地	基于直接相关经验编制，留有足够余量
	依赖因素	存在企业外部关键依赖因素	存在一些重要的企业外部依赖因素	存在项目外企业内关键依赖因素	存在项目外企业内一些重要依赖因素	依赖因素在控制中

*P—项目风险的可能性。

（3）软件需求

①风险事件查询

该功能可以查询出某项目中已确认的风险源信息，并可以对查询出的风险源信息进行进一步的编辑操作,或者查看某个风险源的详细信息,或者对不必要的风险源信息执行删除操作。

②风险事件评估

系统操作员按照一定标准对某项目已识别出的某个风险源进行评估。评估包括影响程度判断和风险可能性判断,使用两项乘积作为该风险源的评级,并以红、橙、黄三种颜色进行标识。

对某个项目的某个风险源评估时,需根据该风险源对项目的影响程度及风险源发生的可能性大小,计算出相应的级别色值,并以相应的颜色进行标识。对评价为黄色或已过阶段的风险源信息可以执行关闭操作,使其不再出现在以后的操作中。该功能的主要操作包括评价、刷新和关闭三种。

(4)功能结构图

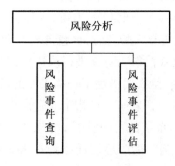

图7-8　风险分析功能结构图

第8章 海工项目原型系统设计与开发

8.1 海工项目体系重构技术

进入 21 世纪以来,伴随着信息技术的飞速发展,网络信息化正在社会的各行各业产生巨大的作用,Internet 技术的应用给人们的生活带来了前所未有的便利。Web 正是在这样的环境下高速发展。但是技术是日新月异的,传统的 Web 系统由于不够灵活、维护困难及难以与其他系统集成等原因,已经跟不上时代的步伐。但是它们对于企业是很有价值的,同时也是原开发者们的心血,凝聚着众人的智慧,更包含着企业的宝贵业务逻辑,完全抛弃固然是不可取的,要"去其糟粕,取其精华",对其进行改造。面向服务的架构(Service Oriented Architecture,SOA)的出现和发展,给人们描绘了一幅美丽的蓝图。它不拘泥于某种语言,可以用任何编程语言来实现;它不受开发平台的限制,显示平台无关性;它是松散耦合的,为拓展业务提供了方便;它提高了系统的可重构性,为未来的发展打下坚实的基础。因此,SOA 得到了业界的广泛关注,如何将遗产系统迁移到基于 SOA 的系统中,已成为现在具有研究价值的课题。

为在软件演化过程中控制软件架构的复杂性,研究者提出了大量方法。其中,重构是一种被广泛使用的有效技术。从狭义上讲,重构是一种程序变换,它在不改变软件外在行为的前提下,通过增量式的、受控的方式来逐步调整软件的设计,从而改进软件的内部结构。虽然重构方法的数量众多,但其核心思想均为重新组织包、类、函数和变量等元素,为软件架构的修改和扩展奠定基础,如提取接口引入观察者模式等。从广义上讲,重构不只是程序变换,更是一个"识别、狭义重构、评估"的迭代过程。图 8 - 1 对这一过程进行了描述:首先,根据设计原则、开发经验、软件度量和开发需求等,识别需要重构的不良软件设计;其次,选择合适的重构方法消除不良设计;最后,评估重构效果,以做设计决策。重构效果的评估包括正确性和有效性两个方面。正确性是指重构不改变软件的外在行为,如不引入软件缺陷、未增添额外功能等。正确性评估主要依赖软件构建和软件测试。此外,模型检查、程序证明及程序分析(如基于静态分析的软件缺陷检查)等也能够用于评估重构正确性。这些技术可以帮助发现构建和测试难以发现的软件缺陷,从而向开发者提供重构正确性的多种反馈。有效性是指重构提高了软件质量。其评估方法与"识别"阶段的评估方法相同。

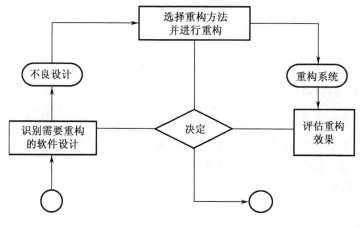

图8-1　广义的重构过程

8.2　原型系统运行与开发环境

本系统采用 B/S 结构,即浏览器端(Browser)和服务器端(Server)构成的结构。这种结构的优势在于分布性强,访问方便,相比于当前许多计划管理软件,能够极大地降低企业实施的难度。另外,随着技术的发展,B/S 结构可以实现企业信息化管理的移动化,使项目的计划随时随地处于管理人员的掌控之下。

服务端开发采用 J2EE 主流的 Spring 框架。Spring 使用 JavaBean 来代替 EJB 的功能,它使用工厂模式来消除单例模式的弊端,大大降低了代码的耦合性,使代码结构清晰、易于管理。持久层采用 MyBatis 框架。MyBatis 是支持 SQL 查询、存储过程和高级映射的优秀持久层框架。MyBatis 使用 XML 用于配置和原始映射,将接口和 Java 的 POJOs 映射成数据库中的记录。

客户端采用 Spring MVC 框架结合 JQuery 框架、HTML 技术。Spring MVC 是一个典型的教科书式的 MVC 架构,它分离了控制器、模型对象、分派器和处理程序对象的角色,这种分离让它们更容易进行定制。JQuery 是目前最流行的 JavaScript 框架,它兼容多浏览器,能够使 HTML 页面保持代码和 HTML 内容分离,便于开发与维护。

数据库采用 Oracle Database,它是以分布式数据库为核心的一款软件,非常适合 B/S 体系结构。它具有完整的数据管理特点,且实现了分布式管理功能,具有更强的对称多方面处理性能。

8.3 海工项目原型系统开发

8.3.1 系统功能描述

1.五级计划模块

自升式钻井平台项目进度管理五级计划模块,根据编码规则和资源的分配情况,编制提交五级进度计划。其中二级进度计划服务于船东,需生成相应文档。在三级进度计划编制中,可以通过网络图的拖拽确定任务间的逻辑关系,结合资源的分配情况自动生成三级进度计划。

2.派工单管理模块

首先,通过有效数据提取功能将派工单需要的图纸功能和材料信息从数据库中进行抽取、整理,使图纸和材料信息都能够集中在该派工单中;其次,派工单工程师在派工单编制阶段将提取出的有效数据,参考生产部门资源的实际使用情况,按照预先设置的模板进行派工单的编制;最后,再由系统自动完成对编制完成的派工单的存储、输出和打印工作,并将其发放给生产部门。

3.实际工作量管理模块

生产部门按派工单执行建造后,阶段性地填写由系统编制的已完成工作量报表,系统进而将报表输出,提交至施工负责人进行审批。若报表的审批没有通过,则由该模块进行已完成工作量报表的修改。

4.审批反馈模块

在接收已完成工作量报表后,施工负责人借助系统的辅助报表审批功能对已完成工作量进行审批。若审批通过,系统将已完成工作量报表反馈给计划工程师进行进度分析计算;若审批没有通过,系统则将该报表返还给生产部门,由生产部门进行修改后重新填写。

5.进度分析模块

在进度分析阶段,系统辅助计划工程师以接收的已完成工作量报表为基础进行进度的分析计算,并由系统完成对进度分析报表与进度分析曲线的编制与输出工作。

6.进度预警模块

系统接收进度分析结果,对实际进度与计划进度的差值进行容差或比例计算,当其值超过一定的阈值后,系统会进行进度预警操作。

7.进度信息查看模块

该模块负责制定不同数据结构检索策略,从而实现快速派工单与实际进度检索及查看。看板管理方便直观了解进度进展情况。

8.3.2 系统功能流程图(图 8 – 2)

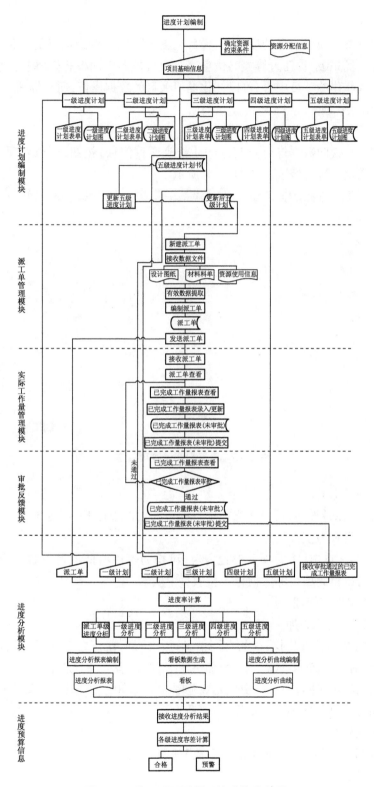

图 8 – 2 海工项目原型系统功能流程图

8.3.3 系统功能视图

1.项目视图

项目视图是整个项目信息的概括,从项目视图中可以查看到项目的名称、船级社、起始时间、开工时间、优先级、责任人等概略信息。在项目视图中的模板选择功能中可以将已有项目的数据导入新建的项目中去,可以简化类似项目的数据操作,便于提高工作效率。

(1)项目信息管理

①修改项目信息

对已有的项目视图数据进行修改,点击【修改项目信息】按钮,可以对项目的战略优先级信息及责任人信息进行修改。如图8-3所示。

图8-3 项目视图修改项目信息

②项目视图导出Excel

点击【导出Excel】按钮,可以将当前项目视图的数据进行Excel导出。

③将此项目设置为模板

选择某一项目,点击【将此项目设置为模板】按钮可以将此项目设置为模块项目,在模板导入功能中可以将此项目的数据导入新项目中。

(2)项目常用信息管理

①常用信息(子表)添加

点击【添加】按钮,可以对项目的常用信息进行添加,状态信息包括项目的激活、计划、模拟分析、未激活四种;签出状态包括已签入和已签出;签出者为当前的签出负责人;签出日期是指当前的签出时间;项目平衡优先级范围为1~100,其中1为最高优先级;项目站点URL用于记录签出站点的地址。如图8-4所示。

②常用信息修改

点击【修改】按钮,可以对项目的常用信息进行修改。

③常用信息删除

点击【删除】按钮,可以对项目的常用信息进行删除操作,支持单条或者批量删除。

图8-4 项目视图常用信息添加

（3）分类码信息管理

①分类码信息添加

在分类码子表中点击【添加】按钮,进行分类码添加操作,此分类码添加后会在 WBS 分解及作业项中使用。分类码用于区分不同的 WBS 分解及作业项类别。

②分类码信息修改

点击【修改】按钮,对分类码信息中的数据进行修改。

③分类码信息删除

点击【删除】按钮,可以对分类码数据进行单条或者批量删除操作。

（4）日期信息管理

①日期信息添加

点击日期子表中的【添加】按钮,可以为项目添加项目计划开始、必须完成、数据日期、完成、实际开始、实际完成、计划开始、计划完成时间信息。

②日期信息修改

点击【修改】按钮,对日期信息中的数据进行修改操作。

③日期信息删除

点击【删除】按钮,对日期信息进行删除操作,可以单条或者批量删除。

（5）资源信息管理

①资源信息添加

在资源子表中点击【添加】按钮,进行分配默认单价类型及资源分配数据添加。

②资源信息修改

在资源子表中选择要修改的数据,点击【修改】按钮,对数据进行修改。

③资源信息删除

点击【删除】按钮进行删除操作,可以支持单条或者批量删除数据。

（6）设置信息管理

①设置信息添加

在设置子表中点击【添加】按钮，进行设置信息数据添加操作，可以添加项目的上次汇总时间、汇总到 WBS 等级、定义关键作业、财务年度开始月份、用于计算赢得值的目标。

②设置信息修改

选择要修改的数据，点击【修改】按钮，进行数据修改操作。

③设置信息删除

点击【删除】按钮，进行删除操作，支持单条或者批量删除数据。

（7）默认信息管理

①默认信息添加

在默认子表中点击【录入】按钮，添加默认信息数据。工期类型包括四种：固定单位时间用量、固定工期和单位时间用量、固定资源用量、固定工期和资源用量。完成百分比类型包括三种：工期、实际、数量。作业类型包括六种：任务式作业、独立式作业、开始里程碑、配合作业、WBS 作业、完成里程碑。作业代码前后缀及增量用于定义作业项的自动编码。

②默认信息编辑

在默认子表中选择要编辑的数据，点击【编辑】按钮，对数据进行编辑。

③默认信息删除

选择一条或多条数据，点击【删除】按钮，进行删除操作，支持单条或批量删除数据。

（8）模板管理

①项目视图模板录入按钮

模板录入可以为新项目导入已有项目的数据，点击【模板录入】按钮，选择模板类型及模板项目，点击确定时可以将模板项目数据导入新项目中。

②项目视图模板删除按钮

删除按钮用于删除模板导入的记录，删除该数据并不会将模板的数据删除，选择单条或者多条数据，点击【删除】按钮，可以将数据删除。

2. 基础信息设定

（1）专业信息

增添生产专业信息：单击【添加专业信息】，弹出【添加专业信息】窗口，填写信息后，单击【确定】，生产专业信息页面重新加载，右下角弹窗提示"添加成功"。

修改专业信息：选择一条专业信息，单击【编辑专业信息】，弹出【编辑专业信息】窗口，"专业（中文名）"不可编辑，编辑信息后单击【确定】，生产专业信息页面重新加载，右下角弹窗提示"更新成功"。

删除专业信息：选择至少一条专业信息，单击【删除】，弹出确认窗口，单击【确定】，生产专业信息页面重新加载，右下角弹窗提示"专业信息删除成功"。

（2）工种信息

①工种信息添加

单击【添加】，弹出【添加工种信息】窗口，"专业、工种编号"为必填项，"上级分类"为已有工种信息。填写完成后单击【确定】，工种信息页面重新加载，右下角弹窗提示"添加成功"。

若选择一项工种信息,单击【添加】,弹出【添加工种信息】窗口内"专业、工种编号",默认为所选工种信息的"类型－工种编码"＋".1","上级分类"为所选工种信息的"类型－工种编码"。

②工种信息修改

选择一条区域信息,单击【编辑工种信息】,弹出【编辑工种信息】窗口,"类型－工种编码"不可编辑,编辑信息后单击【确定】,工种信息页面重新加载,右下角弹窗提示"更新成功"。

③工种信息删除

子节点工种数据具有【删除】按钮,选择一条工种信息单击【删除】,弹出确认窗口,单击【确定】,工种信息页面重新加载,右下角弹窗提示"工种信息删除成功"。

(3)资源库

资源库实现企业资源信息的保存和更新,在计划编制时,作业视图中的资源子页面实现作业资源的添加,在添加时点击【添加】按钮会调出资源库视图,计划工程师从资源库页面中选择需要的资源信息。资源大致分为材料、设备和人力,不同的资源配以不同的单位。在资源库视图的字表中,显示了每个资源被使用的日志。

①资源库管理添加资源信息

点击【添加资源信息】按钮,依次添加资源名(不可为空)、资源类型和资源编码(不可为空)。

所添加的资源可以在作业视图将其配置给相应的作业项,这些资源信息也将参与进度反馈,最终资源的使用情况会汇总到后续的资源管理及总体资源分析当中。

②资源库管理修改资源信息

选择需要修改的数据,点击【修改资源信息】按钮进行修改。

③资源库管理删除资源信息

选中作业信息,点击【删除】按钮。

④资源库管理修改资源日志

选择需要修改的数据,点击【修改资源日志】按钮进行修改,输入参数。

作业项完成进度反馈之后,所使用的资源会自动添加到对应资源的资源日志当中,因此不需要手动添加资源日志。

⑤资源库管理删除资源日志

选中一条或多条物资信息,点击【批量删除】按钮进行删除操作。

(4)设计信息

①设计信息的添加功能

点击【添加】按钮,输入/选择参数,确定。

②设计信息编辑功能

在需要更改的数据处,点击【编辑】按钮进行修改。

3.工艺工时定额库

通过对以往企业的典型作业项的工时信息统计汇总,制订对应作业项和工艺的工时定额。生成的作业项工时定额数据将作为计划编制－作业视图－添加作业项的参考原定工时数据。

（1）工艺工时定额库作业项添加

工艺工时定额库中添加作业项定额信息：点击【添加工时定额】按钮，输入/选择参数，确定。

所添加的工时定额将作为编制派工单时派工单的计划工时的参考值。

①工艺工时定额库作业项修改

在需要更改的数据处点击【修改工艺信息】按钮进行修改。

②工艺工时定额库作业项删除

选中需要删除的工时定额工艺信息（已完成子表数据的添加），点击【删除】按钮；选中多个需要删除的工时定额工艺信息（已完成子表数据的添加），点击【删除】按钮。

③工艺工时定额库工艺工时定额编制

打开子表，点击【定额信息编制】按钮，输入参数，确定。如图 8－5 所示。

历史定额信息将储存在定额库，定额库中各个版本工时定额的平均值即主表中的平均工时定额。

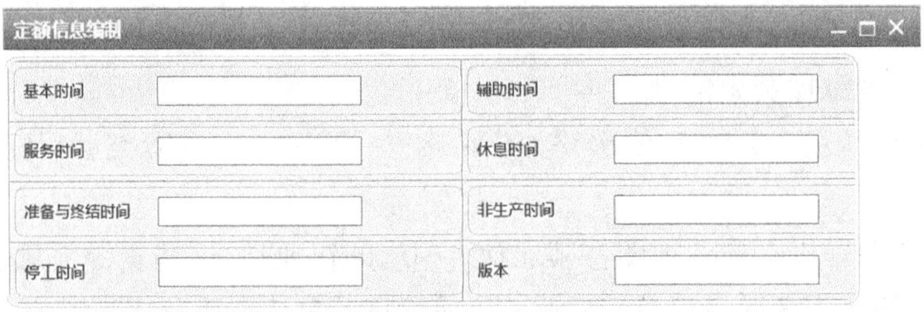

图 8－5　工艺工时定额编制

④工艺工时定额库作业项工时定额修改

选择需要修改的数据，点击【定额信息修改】按钮进行修改。

⑤工艺工时定额库作业项工时定额删除

选择信息，点击【批量删除】按钮；选择多个信息，点击【批量删除】按钮。

（2）作业工时定额库

①作业工时定额库作业项添加

点击【添加工时定额】按钮，依次添加作业名称、作业代码、计划级别和平均工时定额等信息。

所添加的工时定额将作为作业视图中作业项原定工时的参考值。

②作业工时定额库作业项修改

选择需要修改的数据，点击【编辑工时定额】按钮进行修改。

③作业工时定额库作业项删除

选中工时定额库作业项信息，点击【删除】按钮。

④作业工时定额库作业项工时定额编制

点击一条作业项打开子表，点击【定额信息编制】输入参数，点击确定。

历史定额信息将储存在定额库,定额库中各个版本工时定额的平均值即主表中的平均工时定额。

⑤作业工时定额库作业项工时定额修改

选择需要修改的数据,点击【编辑工时定额】按钮进行修改。

⑥作业工时定额库作业项工时定额删除

选中工时统计项信息,点击【删除】按钮。

4.计划编制

计划编制主要由 WBS 视图和作业视图这两个视图中的主表及子表完成。另外甘特图视图以图形的方式对计划进行呈现,在甘特图视图中可以直观地看到各作业之间的逻辑关系,也能够方便地审查关键路径上的作业。

在 WBS 视图中打开一个新项目后,最高一级 WBS 元素是项目添加时直接添加过来的项目代码和项目名称,计划工程师在项目下边进行 WBS 分解。计划工程师在此基础上修改、添加,最终形成完整的项目工作分解结构,提交至项目经理审批。WBS 审核功能主要用于对已提交的 WBS 进行审批操作,若已提交的 WBS 符合企业的要求,则可以对其进行审批通过操作,审批通过的 WBS 可以进行作业项添加操作;若已提交的 WBS 不符合要求,可以对此 WBS 进行审批不通过的操作,审批不通过的 WBS 会退回至 WBS 的分解功能,直至该 WBS 分解已经符合要求。

(1)WBS 视图

①WBS 分解

对项目进行工作结构分解,以项目的根节点为一级 WBS 数据,进行各级计划分解。进行 WBS 分解需要数据分类码、责任人及 WBS 类型数据,未提交的 WBS 数据可以进行删除及编辑操作。如图 8 - 6 所示。

![WBS分解界面截图]

图 8 - 6　WBS 分解

②WBS 提交

已经分解完成的 WBS 数据可以点击【提交 WBS】按钮进行 WBS 提交。提交后的数据将不能进行编辑和删除操作。

③WBS 信息管理

已进行完 WBS 分解的数据可以添加该数据的 WBS 常用信息、WBS 里程碑、记事本信息。选择一条 WBS 数据,在其弹出的子表中可以进行信息添加或修改。常用信息包括WBS 类型、WBS 状态、预期开始、预期完成数据;WBS 里程碑包括该 WBS 是否已完成及其权重信息,最终可以根据已完成及未完成得出完成百分比数据;查看 WBS 报表可以以报表的形式查看当前 WBS 信息并保存报表;记事本信息可以用于备注需要的 WBS 信息。如图

8 – 7 所示。

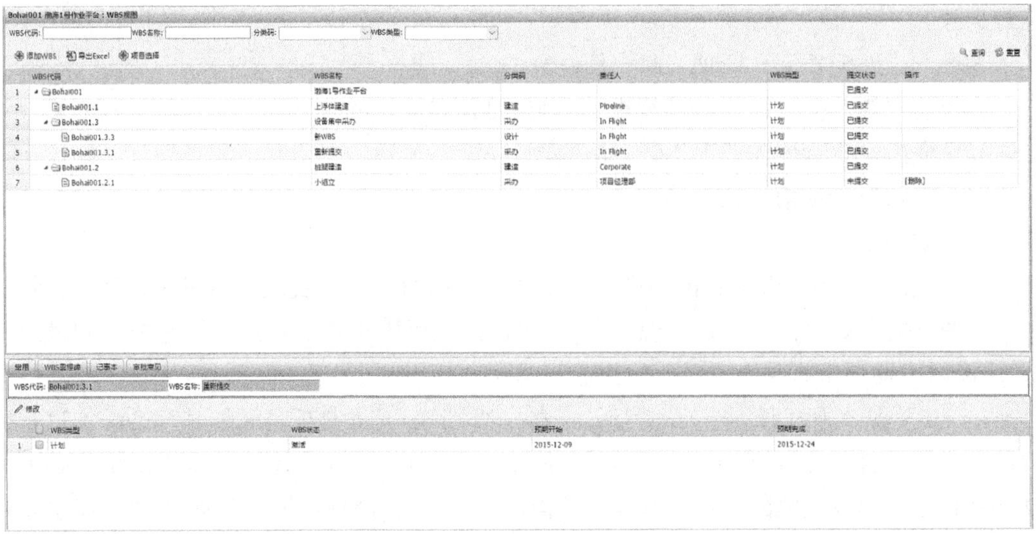

图 8 – 7　WBS 信息管理

④WBS 其他功能

主要包括 WBS 数据查询功能、WBS 数据导出 Excel 功能及项目选择功能。WBS 数据查询可以通过模糊查询查找出所需要的数据;导出 Excel 功能可以将当前打开的项目 WBS 数据进行导出 Excel;项目选择功能用于切换查看不同项目的数据,查看 WBS 报表功能可以以报表的形式查看当前项目的 WBS 信息。

(2)WBS 审核及查询

①WBS 审核

WBS 审核:在 WBS 视图提交过的数据会进入 WBS 审核页面,在审核页面可以对该数据进行审批操作,包括审批通过、审批不通过,同时也可以添加审批意见,审批不通过的数据会退回到 WBS 视图重新编辑后提交。审批通过的数据会进入作业视图进行作业项添加操作。如图 8 – 8 所示。

②WBS 审核查询

WBS 审核查询可以通过模糊查询查找出需要的数据,支持通过 WBS 代码、WBS 名称、分类码及 WBS 类型进行查询。

(3)作业视图管理

①作业项添加

通过 WBS 审核的 WBS 数据可以进行添加作业项操作,选择 WBS 节点的末端点击【添加作业项】可以添加作业项,包括作业名称、作业代码、开始时间、结束时间、责任人、原定工时、分类码、上级计划的信息。其中原定工时可以从工时定额库进行选择,也可以手动输入;工期与开始时间、结束时间只需输入其中两项便可以计算出第三项。计划级别是根据该作业的级别自动计算出的。

图8-8 WBS审核功能

②提交计划

对于已经添加完成的作业项信息可以点击【提交计划】,将其提交至计划审核页面进行审核,提交的计划不能进行删除及编辑操作。

③计算权重

当一批计划添加完成后,可以点击【计算权重】按钮,对各个作业项的权重进行计算。权重是根据各个作业项的工时进行计算的。计算权重之后作业项上级节点的开始时间与结束时间也会相应地变为其作业项中开始时间最早与结束时间最晚的时间。

④导出 Excel

点击【导出 Excel】按钮,可以将当前的作业计划导出至 Excel 文件。导出的文件是当前打开项目的作业计划。通过页面上方的查询框点击【查询】,可以通过作业代码、作业名称、计划级别、计划开始时间与计划完成时间来进行相应数据的查看。查询完成后点击【重置】按钮可以恢复最开始的数据。

⑤导入计划

点击【导入计划】按钮,弹出对话框,选择导入计划的类型,并选择要导入的 Excel 文件,Excel 的列需要与系统中的某些列严格对应方可完成导入。

⑥查看甘特图

选中需要查看的作业项,点击【查看甘特图】按钮。弹出甘特图对话框,只显示该级别及其子级甘特图。如图8-9所示。

⑦查看作业视图报表

点击【查看作业视图报表】,弹出视图显示作业视图报表,对报表可以选择保存为 PDF文件、缩放、刷新、打印等操作。

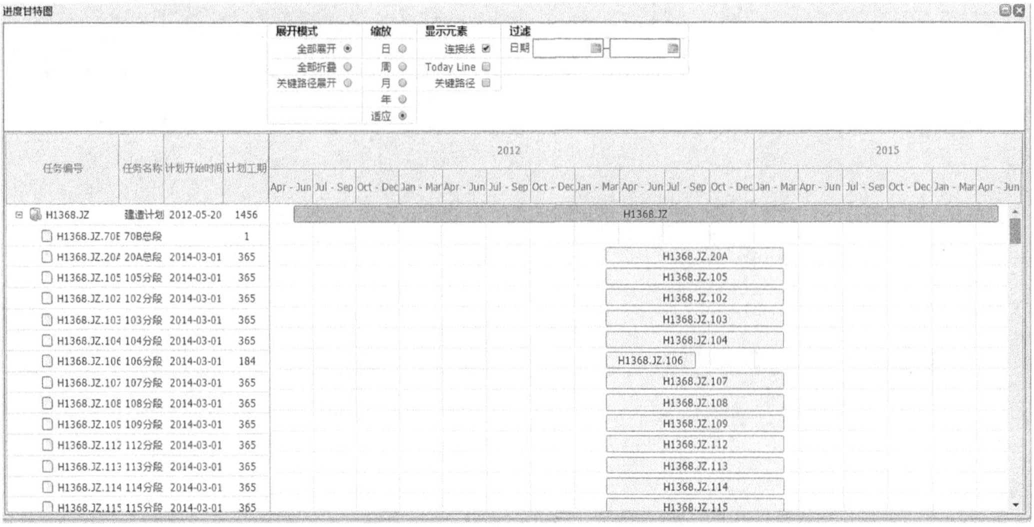

图8-9　作业视图查看甘特图

⑧常用子页面显示功能

测试常用页面是否可以正常打开，字段与数据可以正常显示。已输入作业项（"WBS 与作业判断"字段显示为 SCHEDULE 时的作业项），已修改子表数据，点击作业项，正常弹出常用作业子表，查看常用信息子页面。注意："WBS 与作业判断"字段显示为 SCHEDULE 时应存在待修改数据；显示为 WBS 时，不存在待修改数据，但可以看到子表列名。

⑨常用子页面数据修改功能

测试常用页面是否可以修改与保存。当前作业项属于"WBS 与作业判断"字段显示为 SCHEDULE 的作业项，点击作业项前方标签框之后，点击修改按钮进入修改页面，选择相应参数，并可以成功保存显示在子表。若作业类型选择为配合作业且已添加前置、后置作业，则本计划的开始时间会被设为所有前置任务最早的开始时间，本计划的结束时间会被设为所有后置任务的最晚完成时间；若作业类型选择为开始里程碑，则开始时间与结束时间会被设为当前开始时间；若作业类型选择为结束里程碑，则开始时间与结束时间会被设为当前结束时间。

⑩状态子页面数据显示功能

测试状态页面是否可以正常打开，字段与数据是否可以正常显示，是否包含相应的工期数据。作业视图输入工期信息，点击作业项，点击状态子页面，状态信息正常显示。

⑪工时子页面数据显示功能

测试工时页面是否可以正常打开，字段与数据是否可以正常显示，是否包含相应的工期数据。点击作业项，点击工时子页面，工时信息正常显示。

⑫限制条件子页面功能

在限制条件子页面，用户可以对作业项添加相应的限制条件来约束作业项的时间信息。限制条件能正常更改作业项开始时间与完成时间。需要注意：常用子页面 - 作业类型应为任务作业/独立式作业，且作业项包含开始时间、完成时间。

关于限制条件的含义如下。

尽可能晚:若有后置任务,则取其开始时间,此外遍历所有日期取最晚日期。

开始不晚于:开始时间若在此之前,则无操作;若晚于此,则设开始时间为此。

完成不晚于:完成时间若在此之后,则无操作;若在此之前,则将完成时间设为此。

完成于:若有后置任务,则保证完成时间不晚于最晚后置任务完成日期。

开始于:若有前置任务,则保证开始时间不早于最早前置任务开始日期。

开始不早于(需要第一个约束条件选择开始不晚于、完成不晚于)。若开始时间在此之后,不需要操作;若开始时间早于此,设开始时间为此。

完成不早于:完成时间若在此之前,则不用操作;若在此之后,则将完成时间设为此。

强制开始:开始时间设置为此。

强制完成:完成时间设置为此。

⑬紧前作业子页面功能

可以在作业视图下选取当前作业项的紧前作业,在本页面对应选择作业项,选择关系类型,添加延时等参数,成功保存后,对应作业项的对应子页面也将添加相应的逻辑关系。所选的关系本作业项的开始时间和完成时间将会依据逻辑关系发生变化。

逻辑关系及对开始时间、完成时间的影响如下。

待选择:不会造成任何日期更改。

FS:前置作业完成时间与后置作业开始时间对齐。

SS:前置作业开始时间与后置作业开始时间对齐。

FF:前置作业完成时间与后置作业完成时间对齐。

SF:前置作业开始时间与后置作业完成时间对齐。

⑭后续作业子页面功能

可以在作业视图下选取当前作业项的后续作业,在本页面对应选择作业项,选择关系类型,添加延时等参数,成功保存后,对应作业项的对应子页面也添加相应的逻辑关系。根据所选的关系本作业项的开始时间和完成时间将会依据逻辑关系发生变化。

逻辑关系及对开始时间完成时间的影响如下。

待选择:不会造成任何日期更改。

FS:前置作业完成时间与后置作业开始时间对齐。

SS:前置作业开始时间与后置作业开始时间对齐。

FF:前置作业完成时间与后置作业完成时间对齐。

SF:前置作业开始时间与后置作业完成时间对齐。

⑮资源子页面功能

资源子页面可以给作业项配置所消耗的资源及资源用量,资源的编码类型等信息将自动添加至资源子页面,同时使用当前资源的作业项信息将其汇总至资源管理部分对应的资源日志页面。非物资类型的资源在添加时会自动校验是否与其他作业项冲突,若发生资源冲突,则会将资源状态更改为资源冲突并提示相关信息。

(4)进度甘特图

可以在本页面查看进度甘特图,左侧作业项即当前的作业视图,【全局比例】按钮可以调整图表适应当前的窗口大小,而【标记今天】按钮可查看当前日期在甘特图中所在位置,同时前置作业与后置作业关系将用橙色箭头来表示,箭头两端连接着有此逻辑关系的作业项。如图8-10所示。

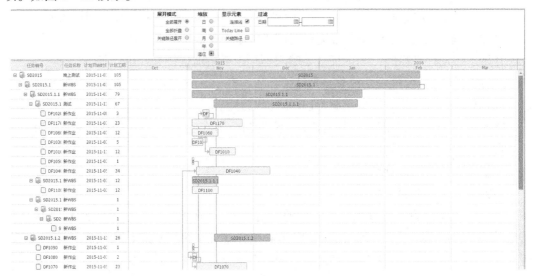

图8-10 进度甘特图

(5)计划资源分析

①场地信息管理

场地信息管理删除场地信息:在作业视图资源子页面,曾添加过类型为"场地"的资源,选中场地信息,点击【删除】按钮。

当场地资源在作业视图被作业项调用时,作业项的信息将显示在场地日志页面中。

②设备信息管理

a.设备使用信息管理统计项删除。

资源库页面添加过类型为"起重设备、运输设备"等的资源,选中设备统计项信息,点击【删除】按钮。

当资源库添加类型为设备的资源时,设备资源信息会同步添加至此。

b.设备使用信息统计日志信息修改。

资源库页面添加过类型为"起重设备、运输设备"等的资源,在需要更改的数据,计划工时、实际工时只能输入数字,其他数据无法编辑。

当设备在作业视图被作业项调用时,作业项的信息将显示在该资源对应的设备日志页面中。

c.设备使用信息统计日志删除。

资源库页面添加过类型为"起重设备、运输设备"等的资源,选中日志信息,点击【删除】按钮。

③人员工时统计

a.人员工时统计信息管理工时统计项删除。

资源库页面,主表添加过类型为"人员"的资源,选中工时统计项信息,点击【删除】按钮。

当资源库添加类型为人员的资源时，人员信息会同步添加至此。

b. 人员工时统计信息管理工时统计作业项修改

在作业视图的资源子页面已添加类型为人员的数据，在需要更改的数据，工时记录请确认只能输入数字，其他数据无法编辑。

当设备在作业视图被作业项调用时，作业项的信息将显示在该资源对应的设备日志页面中。

c. 人员工时统计信息管理工时统计作业项删除。

在作业视图的资源子页面已添加类型为人员的数据，选中工时统计项信息，点击【删除】按钮。

（6）项目工期优化

①项目资源优化添加基础信息

项目资源优化添加基础信息前应保证：作业视图作业项已经录入完毕，且已配置完毕紧前与后续作业关系，已配置完毕作业项所需的资源，点击添加，输入本次优化的名称、项目开始时间、需要考虑的关键资源类型。

②项目资源优化删除基础信息

基础信息已经添加，选择优化任务，点击【删除】按钮。

③项目资源优化开始优化

项目工期优化执行优化需要保证：作业视图作业项已经录入完毕，且已配置完毕紧前与后续作业关系及作业项所需的资源。选择算法：如标准模拟退火算法。输入优化参数等待执行完毕后，作业视图的作业项开始时间与完成时间和项目总工期将得到优化。如图8-11所示。

图8-11　项目工期优化执行优化

④项目资源优化修改参数信息

项目资源优化修改参数信息选择算法：如标准模拟退火算法。点击修改，更改相应参数信息。

⑤项目资源优化删除参数信息

参数信息已经添加,选择参数,点击【删除】按钮。

5. 计划审核

(1)计划审批

作业视图添加好作业项之后提交后的计划会进入计划审核页面,计划审核负责对计划进行审批操作,分为【审批通过】和【审批不通过】,同时也支持添加【审批意见】。审批不通过的数据会退回到作业视图页面进行重新编辑后提交。如图 8 - 12 所示。

图 8 - 12　计划审批通过操作

(2)发布计划

当计划审批页面所有数据均已审批通过时,可以将此版本的计划进行发布操作,在根节点处点击【发布计划】按钮后,发布的计划会自动生成一个版本号。

(3)提交计划

当计划审批页面中存在待提交的数据时,点击【提交计划】按钮会进行提交计划操作,提交后的计划可以进行发布或者审批操作。

(4)查看审核报表

点击【查看审核报表】会弹出视图,可以查看计划审核的报表,同时可进行保存、刷新、缩放和打印等功能。

6. 计划查看

计划管理人员可以根据需求在计划查看视图中根据条件查询各个项目的各个版本的计划信息,也可以根据筛选条件查看不同级别的计划。如图 8 - 13 所示。

7. 派工单管理

(1)工作区域信息添加修改和删除

添加区域信息:单击【添加区域信息】,弹出【添加区域信息】窗口,填写信息后,单击【确定】,区域信息页面重新加载,右下角弹窗提示"添加成功"。

修改区域信息:选择一条区域信息,单击【编辑区域信息】,弹出【编辑区域信息】窗口,

"区域"不可编辑,编辑信息后单击【确定】,区域信息页面重新加载,右下角弹窗提示"更新成功"。

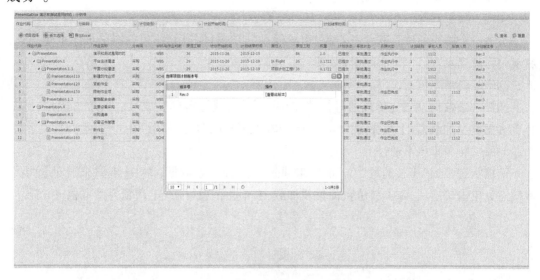

图8-13 各版本计划查看

删除区域信息:选择至少一条区域信息,单击【删除】,弹出确认窗口,单击【确定】,区域信息页面重新加载,右下角弹窗提示"区域信息删除成功"。

(2)施工料单信息(图8-14)

①施工料单显示

施工料单信息:数据正常加载,单击状态为"审核通过"的施工料单【编辑】【审核通过】【删除】按钮被隐藏,"审核未通过"的施工料单【审核未通过】按钮被隐藏。

图8-14 施工料单信息

②施工料单添加

填写必要值后,单击【确定】按钮。

③施工料单编辑

选择某一料单后,单击【编辑】。

④施工料单删除

选择一个施工料单且其状态不为"审核通过",单击【删除】,施工领料单页面重新加载,右下角弹窗提示"生产领料单删除成功"。

⑤施工料单审核通过

选择一条数据,单击【审核通过】,弹出确认窗口,填写料单发放号之后单击确定,施工料单页面重新加载,右下角弹窗提示"生产领料单审核成功"。如图 8-15 所示。

⑥施工料单审核不通过

审核状态不为"审核通过"和"审核未通过",选择一条数据,单击【审核未通过】,填写审核意见单击确定后,施工料单页面重新加载,右下角弹窗提示"生产领料单审核成功"。

图 8-15 审核通过多个施工料单

⑦施工料单查询

查询满足特定项目的施工料单记录:单击【项目选择】,选择此项目可以查出特定项目包含的所有施工料单。页面上方查询框支持模糊查询。如图 8-16 所示。

(3)进度工作包

①工作包显示

加载当前最新版本计划的所有 SCHEDULE 项,并在有派工单子项时显示工作包状态。当新版本计划发布后,第一次打开工作包列表会弹窗提示新版本计划的全部任务,单击标签进行页面刷新。如图 8-17 所示。

②工作包完善

对工作包数据列表进行信息完善,单击一项工作包信息,单击【完善工作包】。

③派工单添加

添加工作包下包含的派工单,单击选中工作包项后单击【添加派工单】,"所属工作包"为所选工作包的"作业代码","计划开始时间"为所选工作包的"计划开始时间",派工单编码自动生成为作业代码加三位流水号。

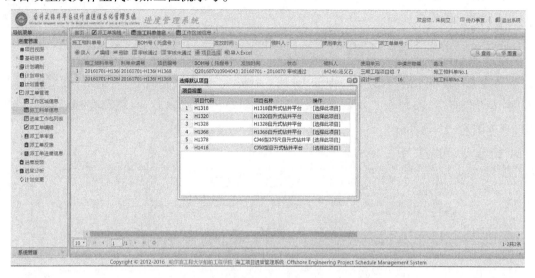

图 8-16 查询满足特定项目的施工料单记录

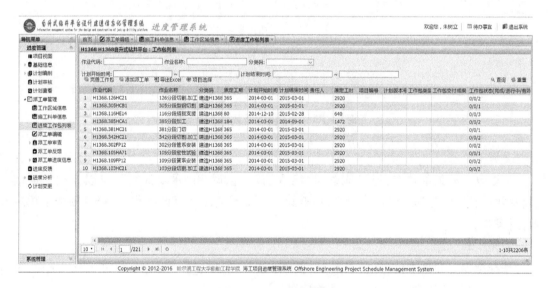

图 8-17 工作包显示

④工作包导出

工作包列表及其附属派工单数据导出,单击【导出 Excel 按钮】,导出的文件下载到默认路径。

⑤进度工作包查询

模糊查询,在查询框中输入作业代码或选择分类码后单击【查询】,在查询框中单击开始时间框,开始时间前项选择后,后项时间框弹出,并将前项值及以前的日期设为不可用,选定后单击【查询】,单击【重置】。

（4）派工单编辑

①派工单编辑页面显示

显示所有未完成的派工单，单击派工单编辑标签。

②派工单添加

必须填写目标工时、计划开始时间、计划工时、施工负责人；其他信息选填，或当选择了车间、专业信息后，添加派工单时会自动填写所属车间和所属专业，填写完成后单击【确定】。如图8-18所示。

图8-18　派工单编辑页面显示

③派工单修改

可以改变派工单状态，但只能改为"已取消""挂起"和"重新提交"，可以修改其他信息，总物量、计划完成时间等会发生相应变化。状态不包含"结束"字样，选择一项派工单后单击【编辑】。

④派工单删除

选择至少一项派工单，且状态不含"通过审核""追加物资""开始"和"进行中"字样，单击【批量删除】，右下角弹窗提示记录数。

⑤派工单打印

查看派工单全部信息，并可打印派工单信息。选择一项派工单，单击【打印派工单】，弹出【打印预览】窗口，右上方有下载、打印按钮。

⑥派工单查询

查询满足条件的派工单记录，可采用联合查询、模糊查询的方式，填写查询框，单击【查询】。

⑦匹配图纸料单

选中一个派工单，单击【匹配图纸、料单】后选择施工料单号和图纸编号，单击【确定】保存数据。

⑧专业选择

选择对应的专业,并只查看该专业的派工单信息,单击【专业选择】后单击【选择此专业】或【选择全部】。

⑨导入 Excel

单击【导入 Excel】弹出视窗,选择要导入的文件后单击【开始上传】,导入成功后右下角弹出对话框提示导入成功及导入条数,或者提示导入失败。

(5)派工单审查

①派工单审查

数据正确加载,审核未通过的数据将隐藏【审核未通过】按钮。

②项目下派工单查询

查询某一项目下派工单,可采用单项查询,模糊查询的方式,输入项目编号,单击【查询】,在已输入项目编号的情况下,单击【重置】。

③派工单审核

对派工单进行审核,审核通过的派工单即为有效的派工单,将重新计算其所属工作包状态(有效派工单＋1),同时派工单传递到进度反馈页面,单击选择要审核的数据后,单击【审核通过】或【审核未通过】。

④追加物资审查

单击一项派工单,可对派工单执行【审核通过】或【审核未通过】,审核未通过需要填写审核意见。执行完成后追加物资审查,页面重新加载。

(6)派工单反馈

①派工单反馈－追加物资

选择一条派工单记录单击【追加物资】,填写追加原因、追加物资量后单击【确定】,派工单反馈列表页面重新加载,派工单状态变为"追加物资,待审核",右下角弹窗提示"派工单追加物资成功"。

②派工单反馈－工作反馈

选择一条派工单记录单击【工作反馈】,可根据需要进行单值或多值的反馈,填写完成后单击【确定】,页面重新加载,右下角弹窗提示"派工单反馈成功",派工单记录状态发生改变。若反馈了实际完成时间或实际工时,派工单记录将不再出现。

③派工单反馈－反馈修正

对于反馈数据通过核查的派工单(派工单编号以"－C"结尾),选取时会显示【反馈修正】按钮,单击该按钮在弹出的【反馈修正】窗体里更改实际开始时间、实际完成时间和实际工时后单击【确定】,派工单反馈列表页面重新加载,右下角弹窗提示"派工单更新成功"。

(7)派工单进度信息

①派工单进度信息－派工单进度列表

所有状态下的派工单都会显示,可针对项目、车间和专业进行联合查询。

②已完成派工单核查

可查看非核查通过的已完成派工单,并进行核查通过或不通过。

选择派工单后,单击【反馈信息核查通过】,弹出确认窗口,确认后,页面重新加载,右下角弹窗提示"派工单核查成功,数据反馈到进度反馈模块",同时"计划反馈"中的对应工作包状态发生改变,即:当工作包下任何一个派工单反馈,则状态改为"作业进行中",实际开始时间为所有反馈了的派工单的最早实际开始日期;若其父节点原来状态为空,则状态也置为"作业进行中",开始时间为所有开始了的工作包的最早开始时间;当且仅当工作包下所有有效派工单均完成,"进度反馈"视图中作业状态改为"作业已完成",实际完成时间为所有派工单中的最晚完成时间,其父节点状态类似。反馈数据后可到"进度反馈"中"进度分析 – 工期(工时)效率分析""进度分析 – 工期(工时)效率分析"查看相关统计、计算结果。列表重新加载,核查通过的派工单记录不再出现在本页面。

选择派工单后,单击【反馈信息核查不通过】,派工单出现在"派工单反馈"页面。

③按区域派工单信息统计

显示、查询、查看详情(按区域)派工单信息统计,列表数据按生成时间排序,单击标签加载,在输入框填写数据后单击【查询】,单击选择一项记录后单击【查看统计详情】。

④按区域派工单信息统计 – 生成最新统计

按输入参数统计区域内派工单情况,单击【生成最新统计】按钮,选择区域编号和统计区间(开始、结束)后,单击【确定】。

⑤按专业派工单信息统计

显示、查询、查看详情(按专业)派工单信息统计,列表数据按生成时间排序,单击标签加载,在输入框填写数据后单击【查询】,单击选择一项记录后单击【查看统计详情】。

⑥按专业派工单信息统计 – 生成最新统计

按输入参数统计所属专业内派工单情况,单击【生成最新统计】按钮,选择所属专业和统计区间(开始、结束)后,单击确定。

⑦按项目派工单信息统计

显示、查询、查看详情(按项目)派工单信息统计,列表数据按生成时间排序,单击标签加载,在输入框填写数据后单击【查询】,单击选择一项记录后单击【查看统计详情】。

⑧按项目派工单信息统计 – 生成最新统计

按输入参数统计项目下派工单完成情况,单击【生成最新统计】按钮,单击【统计此项目】。

⑨累计工时曲线

添加监测点,统计当前项目当前时间的累计计划工时和累计实际工时的值。

添加、删除监测点后,曲线自动刷新。不可添加重复监测点,添加重复监测点时,页面提示"已有此监测点"。可以导出 Excel,文件名称默认为"项目编号" + "导出累计工时曲线数据",数据按监测时间点排序,页面按监测时间点排序。曲线查询,开始时间不晚于结束时间,结束时间不早于开始时间。单击【添加监测时间点】,单击【删除监测时间点】,单击【添加监测时间点】后,添加重复监测时间点,单击【导出 Excel】。

8. 进度反馈

(1)进度反馈

若有新发布的计划,则首次加载页面时有弹窗提示,单击"WBS 与作业判断"为"SCHEDULE"的作业项时,页面底部出现状态、工时、资源标签页且有相应数据,单击作业项。

（2）进度反馈－状态

各种进度反馈的情况，单击【编辑】，弹窗内填写后单击【保存】。

使用说明：

①单击"已开始"解锁"开始日期""尚需"填写框、"已完成""停复工"复选框。

②页面内所有日期控件内可选的日期不晚于当前日期。

③首次加载时，若实际工时为0，则显示为空；若"开始时间"不为空，则不可编辑。

④首次加载时，若"停工期""停工""复工"三者任一不为空，则"停复工"复选框为勾选状态。

⑤首次加载时，若"已开始"，则除②提到的，"完成百分比"被解锁。

⑥在②的前提下，填写开始时间和尚需后，"完成百分比"有值，且值的大小为"（计划－尚需）/计划×100%"。

⑦在②的前提下勾选"已完成"复选框，解锁"完成日期""实际""完成百分比"填写框，同时"尚需"填写框值置为0且不可编辑；在填写了"开始日期"后只填写"完成日期"，则"完成日期"时间控件"开始日期"前的数据被禁用。此时选择"完成日期"，则"实际"有值，值的大小为"完成日期－开始日期"，"完成百分比"的值变为"100%"且不可编辑；在填写了"开始日期"后只填写"实际"，则"完成日期"有值，且值为"开始日期＋实际"，"完成百分比"的值变为"100%"且不可编辑；在未填写"开始日期"时，填写"实际"或"完成日期"其中之一，将提示填写另外一个值。填写"完成百分比"，单击【保存】，若不满足条件，则将提示输入数字格式非法。

若只填写"完成百分比"，而"开始日期"和"完成日期"为空，则单击保存时会提示填写。当"完成百分比"为100.00%时，提示填写"完成日期"，其余提示填写"开始日期"。

⑧在②的前提下勾选"停复工"复选框，解锁"停工期""停工""复工"输入框。"停工期""停工""复工"填写两者，则第三者为计算值。在填写"已完成"状态数据情况下，会校验停复工日期和完成日期值，完工日期不可位于停复工之间。

⑨保存后，页面上方计划视图对应作业及其父节点状态发生改变，若只添加开始信息，则作业反馈状态为"作业进行中"；若反馈了实际工时、实际完成时间或完成百分比为100.00%，则作业反馈状态为"作业已完成"；当且仅当所有子节点都完成时，父节点的作业状态改为"作业已完成"，且实际开始时间和实际完成时间分别为所有子节点中最早实际开始时间和最晚实际结束时间。只要有一个子节点为"作业进行中"，则父节点状态为"作业进行中"。

（3）进度反馈－工时

填写实际工时和尚需工时，单击【编辑】进行填写。

（4）进度反馈－资源

作业项所用的资源反馈实际使用量与尚需的量，选择需要反馈的资源，输入其他参数，查看是否成功，查看对应资源管理－资源信息页面，对应资源的资源日志，是否已同步信息。

(5)进度反馈－已通过质检信息

可以查看在作业视图中的质检子页面中提交的质检项中,在质检模块有哪些已经通过了质检。

9.进度分析

(1)S－Curve 进度曲线

①S－Curve 添加检测时间点

选择并添加检测时间点,通过鼠标左键单击【添加检测时间点】。

注:若想自动添加一批初始测点,在计划审核页面点击【计算权重】,会重新添加一批初始测点。

②S－Curve 编辑检测时间点

选择并编辑检测时间点,通过键盘输入或者鼠标单击日期,编辑该日期下的检测时间点。

③S－Curve 删除检测时间点

选择并删除检测时间点,通过鼠标左键点击需要删除的检测时间点,然后单击【删除检测时间点】按钮。

④S－Curve 项目检测时间点清空按钮

清空之前查询过的痕迹,清空查询痕迹,恢复默认的进度曲线。

(2)工期(工时)效率分析

①工期(工时)效率分析项目选择

下拉框选择项目,通过下拉选择项目名称,并点击【选择此项目】。

②工期(工时)效率分析

添加工期和工时效率分析,通过键盘输入工期效率分析,以及用户对当前作业项的工时效率分析。

主页面会依据反馈的进度数据,对作业项自动进行效率分析评价。

③工期(工时)效率分析查询

查询选定的项目,通过键盘输入作业代码和作业名称查询。

④工期(工时)效率分析重置

重置查询痕迹,通过点击【重置】按钮清除。

(3)按时开始和按时结束

①按时开始和按时结束查询按钮

点击按时开始和按时结束分析【查询】按钮,在相应文本框输入相关信息。

主页面将依据进度反馈的数据自动评价作业项是否按时开始、按时结束。

②按时开始和按时结束重置按钮

在查询后将数据重置,点击按时开始和按时结束页面【重置】按钮。

③项目选择按钮

选择项目进行查看编辑,选择需要查看的项目进行查看、编辑。

(4)总体资源分析

①总体资源分析添加上级分组

总体资源分析添加上级分组,依次添加资源名/资源编码/资源类型/偏差分析等信息。

本页面支持用户定制查看资源直方图,首先添加上级统计分组作为被统计资源的上级节点,之后添加需要统计的资源。资源直方图会统计资源的总计划用量、实际用量及偏差量。

②总体资源分析导入资源信息

依次填选资源名/偏差量/偏差分析/上级分组等信息,请确定上级分组不可为空,且应从已添加的上级分组里面选择。

③总体资源分析资源信息删除

选中总体资源分析信息点击【删除】按钮,点击资源信息点击【删除】,添加完子表之后点击上级作业删除。

(5)进度分析报告

①进度分析报告编辑按钮

对已有报告进行编辑操作,选择一个项目,点击进度分析报告页面【编辑】按钮进行编辑。

②进度分析报告批量删除按钮

选择多条报告进行批量删除操作,选择一条或多条数据,点击【批量删除】按钮。

③进度分析报告查看进度详情按钮

选择单个项目查看项目的进度详细情况,通过鼠标选择一个项目,然后鼠标左键点击【查看进度详情】按钮。

④进度分析报告生成最新统计按钮

选择报告区间,生成最新的统计报告,在开始和结束下拉菜单中分别选择开始与结束的日期,点击生成最新统计按钮。

依据当前进度反馈的信息,按计划级别依次包含作业计划的数量、计划执行效率、计划工期、计划工时、实际工期、实际工时等信息。

10.计划变更

当进度管理有计划变更的需求时,可以通过计划变更功能提交变更申请,经审核处理之后返回变更单号等信息。利用此单号可以查询变更状态,当变更审批后会返回变更是否成功的反馈。若变更成功,则可以对进度计划进行变更;若变更失败,则不允许对进度计划进行变更操作。

参 考 文 献

[1] 朱宏亮. 项目进度管理[M]. 北京:清华大学出版社, 2002.

[2] 郭庆军, 赛云秀. 关键链多项目进度管理分析[J]. 西安工业大学学报, 2007, 27(6):583-587.

[3] 马国丰, 尤建新. 关键链项目群进度管理的定量分析[J]. 系统工程理论与实践, 2007, 27(9):54-60.

[4] 张宇. 基于关键链的项目进度管理方法研究[D]. 大连:大连理工大学, 2009.

[5] 牛博生. BIM 技术在工程项目进度管理中的应用研究[D]. 重庆:重庆大学, 2012.

[6] 洪青, 董雄报. 关键链技术在项目进度管理中的应用研究[J]. 轻纺工业与技术, 2017, 46(2):30-31.

[7] 刘如兵, 徐华, 唐忠涛. 大型项目群建设进度管理体系的构建与实践[J]. 建筑技术, 2017, 48(9):1005-1007.

[8] 冯婵, 蒋根谋. 多因素下关键链进度管理研究:基于 GM(1,1)模型[J]. 安阳工学院学报, 2017, 16(4):62-66.

[9] 田丰春. 项目进度管理研究[J]. 中国科技信息, 2008(14):98-100.

[10] 尹世强. 项目进度管理的有效方式[J]. 山西科技, 2006(1):40-41.

[11] 王怡然. 海工船舶建造进度控制研究解析[J]. 经营者, 2015(7):324-324.

[12] 章国庆. 海工项目成本管理实务[J]. 中国造船, 2013(a02):597-601.

[13] 徐凌洁, 朱若凡. 多项目管理在船舶综合日程计划系统中的应用研究[J]. 造船技术, 2007(1):7-9.

[14] 康小彦. 基于 KPI 的海工装备管路进度监控系统的分析与设计[D]. 哈尔滨:哈尔滨工程大学, 2011.

[15] 崔纪梅. 基于项目管理技术的海工产品成本控制方法研究[D]. 镇江:江苏科技大学, 2011.

[16] 王学营. 海洋工程项目进度计划管理技术研究[D]. 哈尔滨:哈尔滨工程大学, 2013.

[17] 刘宇. 项目生产计划管理在大船海工的优化研究[D]. 大连:大连理工大学, 2016.

[18] 董飞. 基于 SOA 的海工完工管理系统研究和设计实现[D]. 上海:上海交通大学, 2012.

[19] 甘兆. 海洋工程四级计划管理与进度控制[J]. 城乡建设, 2010(23):201-202.

[20] 徐心渊. 多项目进度管理在近海工程船舶设计项目中的应用研究[D]. 上海:华东理工大学, 2014.

[21] 危超. P6 项目管理软件在石化项目进度管理中的应用[J]. 项目管理技术, 2012(8):104-108.

［22］ 王让. KPI 模式下海工装备项目总进度偏差成因与数据挖掘［D］. 哈尔滨:哈尔滨工程大学,2011.

［23］ 王健,刘尔烈,骆刚. 工程项目管理中工期 – 成本 – 质量综合均衡优化［J］. 系统工程学报,2004,19(2):148-153.

［24］ 邢以群,郑心怡. 一种新的多项目管理模式:流程导向型组织结构模式探讨［J］. 软科学,2003,17(4):42-45.

［25］ 杨耀红,汪应洛,王能民. 工程项目工期成本质量模糊均衡优化研究［J］. 系统工程理论与实践,2006,26(7):112-117.

［26］ 汪嘉,孙永广. 收益激励的优化最优工期的选择［J］. 系统工程,2000,18(3):5-10.

［27］ 胡志根,肖焕雄,向超群. 模糊网络计划及其工期实现的可能性研究［J］. 武汉大学学报(工学版),1999(5):6-9.

［28］ 高兴夫,胡程顺,钟登华. 工程项目管理的工期 – 费用 – 质量综合优化研究［J］. 系统工程理论与实践,2007,27(10):112-117.

［29］ 印鉴,曹王华,杨敏,等. 科研项目管理系统的设计与实现［J］. 计算机应用研究,2005,22(3):214-216.

［30］ 李林,李树丞,王道平. 基于风险分析的项目工期的估算方法研究［J］. 系统工程,2001,19(5):77-81.

［31］ 刘晓峰,陈通,张连营. 基于微粒群算法的工程项目质量、费用和工期综合优化［J］. 土木工程学报,2006,39(10):122-126.

［32］ 周万坤,朱剑英. 基于物料清单的制造过程工作流建模［J］. 计算机工程与应用,2003,39(1):22-26.

［33］ 王小章,陈晓南,庞宣明,等. 单层物料清单(BOM)及多视图映射［J］. 机械设计与制造,2004(2):45-47.

［34］ 杨瑾,赵嵩正. ERP 环境下物料清单适应性问题研究［J］. 计算机应用,2003,23(5):37-38.

［35］ 郭建飞,乔立红,刘文安. 物料清单视图演绎及在产品数据管理中的实现［J］. 计算机集成制造系统,2005,11(9):1301-1306.

［36］ 刘晓冰,王万雷,邢英杰,等. 基于特征辨识的物料清单转换技术研究［J］. 计算机集成制造系统,2005,11(11):1587-1592.

［37］ 赵韩,梁平,刘明周. 用对象数据库构建机电产品的物料清单［J］. 计算机集成制造系统,2004,10(12):1537-1540.

［38］ 赵岩,莫蓉,常智勇,等. 扩展型制造物料清单视图构建及其演绎机制［J］. 中国机械工程,2007,18(19):2334-2339.

［39］ 胡友民,贾坤. 一种基于 CATIA 的国标标准物料清单的生成方法［P］. 中国专利:CN 106484995 A［P］. 2017-03-08.

［40］ 陈金水,薛海燕. 工作流技术及其在工程设计管理系统中的应用［J］. 微型机与应用,2004,23(5):38-40.

［41］ 刘侃功. 海工部综合信息管理系统的设计与实现［D］. 哈尔滨:哈尔滨工程大学, 2008.

［42］ 严风华. 鹰图力推船舶及海工三维设计软件[J]. 船舶经济贸易, 2010(1):43.

［43］ 黄宇冰. 现代船舶设计管理技术研究及设计文档管理系统开发[D]. 镇江:江苏科技大学, 2007.

［44］ 关清玉,陈宁. 船舶生产设计日程管理系统研究[J]. 船舶, 2005, 20(5):17-21.

［45］ 沈壮志. 船舶设计系统 TRIBON 的二次开发[J]. 机电技术, 2009, 32(1):61-63.

［46］ 孟书荣,秦佳俊,傅静雯. 浅议东欣船舶设计系统 SPD 在船体侧推复杂结构上的应用[C]//中国造船工程学会(CSNAMT),2015(3):161-163.

［47］ 林焰,纪卓尚,戴寅生,等. 船舶型线设计软件系统[J]. 船舶工程, 1995(2):3-6.

［48］ 关清玉,陈宁. 船舶生产设计日程管理系统研究[J]. 船舶, 2005, 20(5):17-21.

［49］ 王大伟. 产品导向型船舶物资管理流程研究[D]. 镇江:江苏科技大学, 2013.

［50］ 邵天骏. 思路创新管理创新理念创新:创新是船舶物资管理可持续发展的生命力[J]. 船舶物资与市场, 2005(1):38-40.

［51］ 王亚范. 从用户角度谈船舶物资管理系统的开发与应用[J]. 船舶物资与市场, 1996(4):24-25.

［52］ 刘军. 船舶物资管理信息系统设计[J]. 船舶物资与市场, 1994(3):6-8.

［53］ 李文昌. 船舶企业物资管理的导向模式研究[J]. 造船技术, 2003(1):1-3.

［54］ 杨贵海. 船舶企业物资管理系统的设计与实现[D]. 大连:大连海事大学, 2010.

［55］ 韩端锋,周青骅,李敬花,等. 船舶建造物资追溯实体单元信息模型及追溯管理系统[J]. 计算机集成制造系统, 2017, 23(9):1983-1991.

［56］ 侯星. 物联网技术在船舶企业物资管理中的应用研究[D]. 镇江:江苏科技大学, 2016.

［57］ 周智敏. 船舶配套企业物资管理探究[J]. 商情, 2015(6):340-341.

［58］ 吴建国,徐伟. 船舶制造企业项目成本管理探析[J]. 企业改革与管理, 2017(20):165.

［59］ 张红烨. 海洋石油物探企业船舶作业成本管理研究[A]// 2016 年度中国总会计师优秀论文选, 2017(22):344-365.

［60］ 郝媛媛. 基于设计变更背景下船舶建造工程中的材料成本控制研究[J]. 中国水运月刊, 2017, 17(3):28-29.

［61］ 续爱民,郑菊艳,李杨梅,等. 船舶企业管理信息数据库框架构建[C]// 数字化造船学术交流会议. 中国造船工程学会,2017(5):193-197.

［62］ 赵美玲. S 研究院科研项目成本管理优化方案研究[D]. 济南:山东大学, 2017.

［63］ 孙立浩. 加强船舶管理 控制船舶成本:船舶成本控制要点[J]. 航海技术, 2000(4):71-74.

［64］ 刘天芸. 航运企业船舶燃油成本管理[J]. 世界海运, 2006, 29(6):36-37.

［65］ 马伶俐. 浅析船舶质量检验存在的问题及应对措施[J]. 企业文化(中旬刊), 2017(6):177.

[66] 张仕海，朱建元. 论船舶安全质量管理策略[J]. 航海技术，2004(5)：79-80.

[67] 贾立奎. 船舶制造项目质量管理与成本控制研究[D]. 北京：华北电力大学，2012.

[68] 金涌. 船舶设备研发单位项目质量管理体系建立及实施研究[D]. 上海：上海交通大学，2011.

[69] 周俊，荀金标. 船舶建造中的质量管理作用分析[J]. 科技、经济、市场，2015(11)：94.

[70] 尹路. 大连船舶重工质量管理体系的研究[D]. 哈尔滨：哈尔滨工程大学，2007.

[71] 孙萍. ISO 9001：2000 质量管理标准在船舶企业基础设施管理中的应用[J]. 世界标准信息，2003(10)：10-11.

[72] 邵春宏. 船舶制造企业质量管理实施的研究[J]. 商品与质量，2017(31)：244.

[73] 柳山. 机械完工状态管理系统在 LNG 接收站调试管理的实践和分析[J]. 化工管理，2015(17)：54-54.

[74] 孙德慧，李华山. 机械完工检查在海洋石油平台工程项目中的应用[J]. 现代制造，2010(18)：229-229.

[75] 倪向荣. 海洋平台钻井设备安装及完工调试[J]. 中国科技博览，2012(36)：548-549.

[76] 谭彦波. 半潜式石油钻井平台电力系统的调试与分析[D]. 广州：华南理工大学，2016.

[77] 王欢. 基于海洋平台钻井设备安装及完工调试的研究[J]. 科技信息，2010(28)：112.

[78] 秦江，刘忠良，龙光辉，等. 海工机械完工报验流程及优化[J]. 广东造船，2017，36(3)：78-80.

[79] 宁军喜，任智斌，伍江勇，等. 机械完工软件在工程项目中的应用[J]. 中国造船，2010(a02)：612-616.

[80] 颜培雷. 机械完工在 CR 公司海洋钻井平台项目管理中的应用研究[D]. 大连：大连海事大学，2014.

[81] 罗云，周康，王力尚，等. 国际工程材料采购中的成本控制与分包商/供应商管理[J]. 施工技术，2013，42(6)：70-72.

[82] 曲鸿. 科威特大学城专业/劳务分包或供应商结算流程[J]. 价值工程，2015(2)：158-159.

[83] 莫显飞，蒋为镜，侯守梅. 工程项目候选分包商-供应商的风险管理[J]. 工业建筑，2011(s1)：1126-1128.

[84] 胡彬. H 公司供应商管理研究[D]. 苏州：苏州大学，2014.

[85] 顾斌. 项目优秀分包供应商的甄选与管理[J]. 商品与质量·建筑与发展，2013(8)：78.

[86] 李莎莎. ××公司燃机工程项目供应商的管理问题研究[D]. 成都：西南交通大学，2015.

[87] 傅巍. EPC 承包模式下总包商的供应商管理[J]. 经营管理者，2012(9)：105.

［88］ 文瑛. 基于供应链的埃姆康（EMCON）公司供应商开发与管理研究［D］. 兰州：兰州大学，2009.

［89］ 刘书庆，陈晓盛. HSE 管理体系的建立与实施维护［J］. 科技管理研究，2006，26(9)：151-155.

［90］ 李志勇，毕明皓，李俊荣. 企业安全文化与 HSE 管理体系［J］. 中国安全科学学报，2003，13(1)：6-11.

［91］ 马时雨，杨民育，MA S Y，等. 国外钻井现场 HSE 管理的实践与认识［J］. 天然气工业，2005，25(4)：185-187.

［92］ 杨胜来，刘铁民. 新型安全管理模式：HSE 管理体系的理念与模式研究［J］. 中国安全科学学报，2002，12(6)：66-68.

［93］ 刘景凯. 石油企业 HSE 管理文化建设实践［J］. 中国安全生产科学技术，2009，5(5)：188-191.

［94］ 刘静，成虎. 我国建筑业 HSE 管理体系分析［J］. 工程管理学报，2007(2)：1-4.

［95］ 张飞，张国强. HSE 管理体系助推石油系统高效可持续发展［J］. 石化技术，2017，24(7)：248.

［96］ 于承先. 海外 EPC 总承包电站项目的 HSE 管理［J］. 项目管理技术，2017，15(3)：117-121.

［97］ 王晓红，朱赛娟，俞涛，等. PDM 中的文档管理［J］. 计算机应用，2000，20(8)：52-53.

［98］ 毛根生，毛波影，王丹亚. 文档管理系统中的工作流技术［J］. 浙江大学学报（工学版），2000，34(1)：60-64.

［99］ 张鹏程，李人厚，秦明，等. 计算机支持协同设计中的文档管理策略［J］. 计算机工程与应用，2003，39(4)：201-203.

［100］ 钟诗胜，李涛，汤新民，等. PDM 中基于工作流的电子仓库和文档管理［J］. 计算机集成制造系统，2004，10(3)：336-341.

［101］ 陈友东. 基于 WEB 三层结构的文档管理系统设计［J］. 福建电脑，2004(1)：72-73.

［102］ 赵文耘，勉玉静. 基于 Internet 的分布式文档管理技术［J］. 计算机应用与软件，2004，21(6)：21-22.

［103］ 朱瑞，于慧敏. 知识管理与文档管理的关系［J］. 档案学通讯，2003(1)：68-71.

［104］ 顾君忠，黄凛. 超文本和电子文档系统设计［J］. 计算机工程，1991(6)：36-43.

［105］ 王飞. 基于项目流程的分布式文档系统实现［D］. 昆明：昆明理工大学，2014.

［106］ 吴书安. 工程变更管理的研究［D］. 南京：东南大学，2006.

［107］ 廖良才，于学勇. 项目范围变更管理方法研究［J］. 区域经济评论，2007(10)：84-85.

［108］ 韩晓燕，潘波. 构建变更管理的闭环控制体系：兴业银行数据中心变更管理工作实践［J］. 中国金融电脑，2017(11)：44-46.

［109］ 张捷，赵文耘，倪晓峰. 基于工作流的变更管理工具［J］. 计算机工程，2005，31

（11）:50-51.

[110] 万立，罗新星．产品数据管理中的工程变更管理的建模与实现[J]．计算机辅助工程，2004，13（2）:22-27.

[111] 韩春民，刘素华，解汉瑞．建设单位在工程项目中的变更管理[J]．建筑经济，2007（2）:79-81.

[112] 余立中．对施工合同中工程变更管理的探讨[J]．广州大学学报（社会科学版），2001（2）:97-100.

[113] 郭晓军，王太勇，贺东梅，等．企业信息化系统中工程变更管理的设计与实现[J]．组合机床与自动化加工技术，2005（5）:96-98.

[114] 金成志，张文宾，刘金发，等．油气勘探规划决策管理[J]．中国石油勘探，2004，9（4）:85-88.

[115] 王志华．大数据在企业投资决策管理中的应用思考[J]．经济技术协作信息，2017（18）:47.

[116] 吕欣．数据仓库与数据挖掘在图书馆决策管理中的应用[J]．数字技术与应用，2017（6）:89.

[117] 徐富春，张波，李国梁，等．环境事故应急决策管理信息系统建设[J]．环境与可持续发展，2005（2）:11-13.

[118] 欧阳洁．决策管理:理论、方法、技巧与应用[M]．广州:中山大学出版社，2003.

[119] 李迁，盛昭瀚．大型工程决策的适应性思维及其决策管理模式[J]．现代经济探讨，2013（8）:47-51.

[120] 石勇．数据驱动的企业决策管理[J]．管理学家（实践版），2013（3）:58-59.

[121] 叶春明，孙刘杰．ERP 的发展与企业决策管理水平的现代化[C]// 中国控制与决策学术年会，2000（4）:523-526.

[122] 李亚洁，张立颖，李瑛，等．风险管理在护理管理中的应用[J]．中华护理杂志，2004，39（12）:918-920.

[123] 李加宁，宋雁宾．加强护理风险管理的思路与方法[J]．中华护理杂志，2005，40（1）:47-48.

[124] 谢志华．内部控制、公司治理、风险管理:关系与整合[J]．会计研究，2007（10）:37-45.

[125] 丁友刚，胡兴国．内部控制、风险控制与风险管理:基于组织目标的概念解说与思想演进[J]．会计研究，2007（12）:51-54.

[126] 许国栋，李心丹．风险管理理论综述及发展[J]．北方经贸，2001（9）:40-41.

[127] 周艳菊，邱莞华，王宗润．供应链风险管理研究进展的综述与分析[J]．系统工程，2006，24（3）:1-7.

[128] 汪忠，黄瑞华．国外风险管理研究的理论、方法及其进展[J]．外国经济与管理，2005，27（2）:25-31.

[129] 赵家敏，陈庆辉，彭岗．全面风险管理模型设计与评价:基于 RAROC 的分析[J]．国际金融研究，2005（3）:59-64.

[130] ZHU L. Exploration of Schedule Management in Ship Design[J]. Journal of Ship Design, 2007(12):76-80.

[131] HAN S. Elementary introduction to the management for ship design schedule[J]. Journal of Ship Design, 1997(4):44-46.

[132] BRΦNMOAAB G. Column generation approaches to ship scheduling with flexible cargo sizes[J]. European Journal of Operational Research, 2010, 200(1):139-150.

[133] TING S C, TZENG G H. Ship Scheduling and Cost Analysis for Route Planning in Liner Shipping[J]. Maritime Economics & Logistics, 2003, 5(4):378-392.

[134] KOBAYASHI H, SAITOH G, YAJI Y, et al. Development of Scheduling System to Optimize Ship Unloading-schedule[J]. Ifac Proceedings Volumes, 2012, 45(23):248-249.

[135] GUAN Q Y, CHEN N. Manage system of ship production design schedule[J]. Ship & Boat, 2005(5):29-33.

[136] SONG Y J. Research on the development of simulation-based ship block logistics system based on data, flow and space modelling[J]. International Journal of Management & Decision Making, 2017, 16(4):407.

[137] WANG Y, MA R, LIN Y. The Research of Shipbuilding Schedule Planning and Simulation Optimization Technique Based on Constant Work-In-Process System[J]. Journal of Ship Production & Design, 2018,34(1):20-31.

[138] YAN H S, JIAN X Y, WANG X B, et al. The Schedule Management Research of Decommissioning Offshore Platform Removing[J]. Ocean Technology, 2006(1): 97-100.

[139] WESTNEY R E. Managing the Cost & Schedule Risk of Offshore Development Projects [C]// Offshore Technology Conference,2001(10):1-7.

[140] SUN P D, WANG W Y, YIN J. Research on planning and schedule control of offshore engineering project[J]. China Offshore Platform, 2009(6):50-55.

[141] MISHRA D, MAHANTY B. The effect of onsite-offshore work division on project cost, schedule, and quality for re-engineering projects in Indian outsourcing software industry [J]. Strategic Outsourcing An International Journal, 2014, 7(3):198-225.

[142] JAMIESON A A. Recommended Approach to Offshore Cost and Schedule Benchmarking [J]. Cost Engineering, 2013,55(2):5.

[143] SHENG X M, ZHANG J. Application and consideration of 5-level schedule management on offshore oil platform construction[J]. China Shiprepair, 2013(3):5-7.

[144] JIANG J. Project management of offshore plateorm installation[J]. China Offshore Oil & Gas, 1989(6):45-50.

[145] ZHANG J. Discussion on project management mode in ship design[J]. Ship & Boat, 2007(1):52-56.

[146] GUO G, ZHANG X X. Research and application on project management based on PDM

of ship production design[J]. Mechanical Research & Application, 2009(6):130-133.

[147] PENG H. Application of project management in ship maintenance[J]. China Shiprepair, 2016(3):9-13.

[148] CINELLI M, FERRARO G, IOVANELLA A, et al. A Network Perspective on the Visualization and Analysis of Bill of Materials [J]. International Journal of Engineering Business Management, 2017(2):1-11.

[149] BAI S Q, CHEN J Z. Multi-bill-of-material management technique based on Windchill [J]. Computer Integrated Manufacturing Systems, 2009, 15(1):153-159.

[150] JIANG H. BOM Management Based on SSPD[J]. Journal of Beijing University of Aeronautics & Astronautics, 2003(5):1361-1365.

[151] ZHANG Y B, YANG Y H, JIANG M L, et al. Design and Implementation of Auto Parts Data Management System Based on BOM[J]. Applied Mechanics & Materials, 2011, 127:42-47.

[152] YUAN Z G, LIN Y, DAI Y SH, et al. Ship hull BOM management in CIMS environment [J]. Ship & Boat, 2000(2):58-60.

[153] YIN Z X, WANG Y J, YAN H J, et al. Design of Ship Materials Management Information System[J]. Computer Knowledge & Technology, 2017(12):71-73.

[154] LIU S, XING B, LI B, et al. Ship information system: overview and research trends [J]. International Journal of Naval Architecture & Ocean Engineering, 2014, 6(3): 670-684.

[155] LEE D, LEE K H. An approach to case-based system for conceptual ship design assistant[J]. Expert Systems with Applications, 1999, 16(2):97-104.

[156] KIM S Y, MOON B Y, KIM D E, et al. Automation of hull plates classification in ship design system using neural network method[J]. Key Engineering Materials, 2004, 274-276(2):589-594.

[157] FUJITA K, AKAGI S. Agent-Based Distributed Design System Architecture for Basic Ship Design [J]. Concurrent Engineering Research & Applications, 1999, 7(7): 83-93.

[158] GAGNE R R, MAYVILLE W A, NORTON M M. System and method for shipping material: US, US 6862577 B2[P]. 2005-03-01.

[159] FAN J. Shipping enterprise goods and material handling method discussion[J]. China Water Transport, 2006(2):61-62.

[160] BENEDICT C E, PFEIFER B G, YATES C A, et al. Automated shipboard material handling and storage system: US, US7708514[P]. 2010-05-04.

[161] SANDHU V, SAMANDUR R N, SCHERER K L, et al. Enterprise resource planning system for ordering, tracking and shipping goods from a seller to a buyer: US, US20020116241[P]. 2002-08-22.

[162] PANDEYA, HANS C/O INTERLINE NETWORKS PTY LTD. A SYSTEM AND

METHOD FOR TARGETED DELIVERY OF PROMOTIONAL MATERIAL TO A MOBILE DEVICE: WO, WO 2003025789 A1［P］. 2003-03-27.

［163］ XIANG S U, HUA Y C, YONG-DA G E. Research of Cost Management and Control in Ship Enterprises Based on Balanced Scorecard［J］. Ship Engineering, 2015（3）: 97-100.

［164］ ARAUJO A O D, FILHO M R, PIRES F C M. A ship construction cost data management system［J］. Marine Systems & Ocean Technology, 2017,12（3）:93-103.

［165］ WANG S Q, YONG L I, LUO L, et al. Quality Cost Analysis and Management of Ship Companies［J］. Shanghai Shipbuilding, 2011（3）:71-74.

［166］ ASOK K A, AOYAMA K. Evaluation and Management of the Cost and Risk of Weld Deformations in Modular Ship Construction［J］. Journal of Ship Production, 2005, 21（1）:8-13.

［167］ WEI R H, WANG Z F, CUI L Y. Construction of information management system in ship design and management enterprise chain［J］. Ship Science & Technology, 2017（2）:156-158.

［168］ XIAO J, JIANG Y. Elaborating Quality Management of Special Ship Building［J］. Guangdong Shipbuilding, 2016（1）:75-76.

［169］ ZHOU M. Application of quality planning in ship-repair quality management［J］. China Shiprepair, 2013（6）:10-11.

［170］ WU W. Plan and quality management in naval ship designing［J］. Ship & Boat, 2003（4）:60-61.

［171］ XU Y. RD of Ship Machine-electric Equipment Currency Test-analyzer［J］. Chinese Journal of Scientific Instrument, 2001,S2:154-167.

［172］ HARTMAN A, Kirshin A, Nagin K, et al. Reducing the complexity of finite state machine test generation using combinatorial designs: US, US 7024589 B2［P］. 2006-04-04.

［173］ ATTAR S F, Mohammadi M, Tavakkoli-Moghaddam R, et al. Solving a new multi-objective hybrid flexible flowshop problem with limited waiting times and machine-sequence-dependent set-up time constraints［J］. International Journal of Computer Integrated Manufacturing, 2014, 27（5）:450-469.

［174］ GUAN C. Efficency management to subcontractor with work order in offshore engineering［J］. China Shiprepair, 2016（3）:75.

［175］ EOM S J, KIM S C, JANG W S. Paradigm shift in main contractor-subcontractor partnerships with an e-procurement framework［J］. Ksce Journal of Civil Engineering, 2015, 19（7）:1951-1961.

［176］ FREEMAN D M, HALVERSON M, LEWIS S, et al. Project management for complex construction projects by monitoring subcontractors in real time: US, US7031930［P］. 2006-04-18.

[177] FANG Z H. On the Performance Allocation Manner of Subcontractor Teams in Shipbuilding Enterprise[J]. Ship & Ocean Engineering, 2012(3):94-97.

[178] WANG W C, LIU J J. Factor-based path analysis to support subcontractor management [J]. International Journal of Project Management, 2005, 23(2):109-120.

[179] THOMAS H R, FLYNN C J. Fundamental Principles of Subcontractor Management[J]. Practice Periodical on Structural Design & Construction, 2011, 16(3):106-111.

[180] ZHOU Q, MENG J, WANG X, et al. Establishment on HSE management system of the oceanographic research vessels[C]// Oceans. IEEE, 2016:1-6.

[181] OH H, CHANG S R. Information Strategic Planning of HSE Management in the Shipbuilding Industry[J]. Journal of the KOSOS. 2012, 27(5):171-178.

[182] JAIN K P, PRUYN J F J, HOPMAN J J. Material flow analysis (MFA) as a tool to improve ship recycling[J]. Ocean Engineering, 2017, 130(6):674-683.

[183] SUI H. HSE Management Practice of Contractors in Huizhou Refinery EPC Project[J]. Guangdong Chemical Industry, 2017,44(2):71.

[184] SU S. Dynamic management of ship design document based on the PDM[J]. Ship & Boat, 2008,19(5):58-60.

[185] CHEN H M. Design and development on ship document based on PDM[J]. Ship Science & Technology, 2012,34(12):131-135.

[186] WU Y H, SHAW H J. Document based knowledge base engineering method for ship basic design[J]. Ocean Engineering, 2011, 38(13):1508-1521.

[187] GUO G, LI C X. Study & application on key technology of ship production design data management system[J]. Mechanical Research & Application, 2009(5):98-99.

[188] TEDESCO M P. Strategic change management in ship design and construction[J]. Massachusetts Institute of Technology, 1998(6):1-329.

[189] GERGS H J. Change the Change Management! The Art of Continuous Self-Renewal of Companies [J]. Gruppe. interaktion. organisation. zeitschrift Für Angewandte Organisationspsychologie, 2017(10):1-9.

[190] KOS S, HESS M, HESS S. Trends in Ship Management System[J]. Transportation & Globalizationportoroz, 2006(12):6-7.

[191] CRAWLEY F K. The Change in Safety Management for Offshore Oil and Gas Production Systems[J]. Process Safety & Environmental Protection, 1999, 77(3):143-148.

[192] VERZBOLOVSKIS M, BALLESIO J. Management of Change for the Marine and Offshore Industries[C]// ASME 2013, International Conference on Ocean, Offshore and Arctic Engineering. 2013:V02BT02A054.

[193] ZON M A, FERNANDEZ H, SERENO L, et al. Multiple inspection modeling for decision making and management of jacket offshore platforms: effect of false alarms[J]. Canadian Journal of Chemistry, 2004, 68(2):278-281.

[194] THANYAMANTA, WORAKANOK. Evaluation of offshore drilling cuttings management

technologies using multicriteria decision-making [J]. Memorial University of Newfoundland, 2003(1):167-179.

[195] SMITE D, WOHLIN C, AURUM A, et al. Offshore insourcing in software development: Structuring the decision-making process[J]. Journal of Systems & Software, 2013, 86(4):1054-1067.

[196] YANG M, KHAN F I, SADIQ R, et al. A rough set-based game theoretical approach for environmental decision-making: A case of offshore oil and gas operations [J]. Process Safety & Environmental Protection, 2013, 91(3):172-182.

[197] AVEN T, VINNEM J E, WIENCKE H S. A decision framework for risk management, with application to the offshore oil and gas industry [J]. Reliability Engineering & System Safety, 2007, 92(4):433-448.

[198] PATÉ-CORNELL M E, Regan P J. Dynamic Risk Management Systems: Hybrid Architecture and Offshore Platform Illustration [J]. Risk Analysis, 1998, 18(4):485-496.

[199] PATE-CORNELL M E. Risk Analysis and Risk Management for Offshore Platforms: Lessons From the Piper Alpha Accident[J]. Journal of Offshore Mechanics & Arctic Engineering, 1993, 115:3(3).

[200] MISHRA A, SINHA K K, THIRUMALAI S. Project Quality: The Achilles Heel of Offshore Technology Projects? [J]. IEEE Transactions on Engineering Management, 2017(99):1-15.

[201] JENNINGS M. The Oil and Gas Industry, the Offshore Installation Manager (OIM), and the management of emergencies: Who is accountable for OIM competence? [J]. Journal of Loss Prevention in the Process Industries, 2017, 50:131-141.